Morufu Raimi
Clinton Ezekwe

Avaliação dos elementos vestigiais na qualidade das águas superficiais e subterrâneas

Morufu Raimi
Clinton Ezekwe

Avaliação dos elementos vestigiais na qualidade das águas superficiais e subterrâneas

ScienciaScripts

Imprint
Any brand names and product names mentioned in this book are subject to trademark, brand or patent protection and are trademarks or registered trademarks of their respective holders. The use of brand names, product names, common names, trade names, product descriptions etc. even without a particular marking in this work is in no way to be construed to mean that such names may be regarded as unrestricted in respect of trademark and brand protection legislation and could thus be used by anyone.

Cover image: www.ingimage.com

This book is a translation from the original published under ISBN 978-3-659-38813-2.

Publisher:
Sciencia Scripts
is a trademark of
Dodo Books Indian Ocean Ltd. and OmniScriptum S.R.L publishing group

120 High Road, East Finchley, London, N2 9ED, United Kingdom
Str. Armeneasca 28/1, office 1, Chisinau MD-2012, Republic of Moldova, Europe
Printed at: see last page
ISBN: 978-620-7-63211-4

DEDICAÇÃO

Este trabalho de investigação é dedicado ao Diamond Bank Plc, à Associação das Universidades Africanas (AAU) e à Nigeria Agip Oil and Gas Company por me terem dado a força financeira para concluir esta tarefa.

AGRADECIMENTOS

A entrada no mundo académico é para os corajosos e só estes podem abrir caminho. Qualquer ato de bravura é, em parte, julgado com base no número de circunstâncias difíceis que se consegue ultrapassar. Nesta viagem ao mundo académico, encontrei muitas pessoas que são realmente importantes. Estas pessoas têm uma influência direta e indireta na minha vida académica. Por isso, tenho a honra de as apreciar através de um reconhecimento.

G. J. Esenowo, Prof. Humphery A. Ogoni, Vice-Chanceler da Universidade do Delta do Níger, Estado de Bayelsa, e o co-orientador Dr. Ezekwe Clinton do Departamento de Geografia da Universidade de Port Harcourt, que prontamente forneceram os materiais e a orientação necessários à investigação.

Agradeço igualmente o esforço de todo o pessoal de laboratório da Anal Concept Limited e do Instituto de Estudos da Poluição, da Universidade de Ciência e Tecnologia do Estado do Rio (RSUST), que contribuiu para que as experiências decorressem ao ritmo exigido. Agradeço igualmente o apoio e o encorajamento dos meus colegas, amigos e familiares ao longo de todo o programa. Incluídos nesta lista estão: Akpabio Iniobong George, Okon Idongesit Edet, Chibuzor Sabinus pelo seu apoio e cooperação para trabalharmos juntos como uma equipa e as orações oferecidas em meu nome pelos pastores e membros da Deeper Life Campus Church, Uyo.

Agradeço sinceramente à minha mulher, Sra. Aziba-anyam Gift Raimi, pelo seu amor, paciência, compreensão e resistência durante estes anos em que dediquei muito do meu tempo ao estudo do que a cuidar dela, e também por ter proporcionado um ambiente tranquilo e propício ao estudo. Não deixarei de mencionar o meu filho Master. Adesiji-Olalekan David Azibagiri e aos maravilhosos membros da família Raimi, nomeadamente o Sr. e a Sra. Raimi Lamina Adesiji,

Mudashiru, Toyin, Maria, Funmilayo, Emmanuel e Samuel. Fizeram bem por mim e que o bom Deus os abençoe a todos.

O meu profundo agradecimento a todos os estudantes de investigação do Clement Isong Postgraduate Hall, Universidade de Uyo, pela sua ajuda durante este estudo. Agradeço aos meus colegas e amigos Balogun Michael Adelakun, Atoyebi Babatunde, Olafiaji Esther, Ilesunmi Jumoke, Teju Ologun, Nsikan John, Anyim Enzenwa, Abasiekong Itata, Edemodu Chianu, Obeten U. Nta, Ajor Ransome, Tony Raphael Essen, Okolosi- Patani Innocent pelo apoio prestado ao longo deste trabalho de investigação. Ficarei eternamente grato ao Sr. Samson Kayode Timothy, que dedicou algum tempo a fazer a análise estatística deste trabalho de investigação. Acima de tudo, adoro Deus Todo-Poderoso, o único que conhece e determina o destino desta viagem.

RESUMO

Este estudo apresenta o impacto da qualidade das águas superficiais e subterrâneas no ambiente na zona de produção de petróleo e gás de Ebocha-Obrikom, no Estado de Rivers, na Nigéria. Especificamente, o estudo examinou a relação entre os parâmetros físico-químicos, determinou a qualidade das águas superficiais e subterrâneas na zona de estudo em comparação com as normas nacionais e internacionais para a água potável, avaliou a qualidade da água dos furos e dos poços na zona de estudo e determinou a relação entre os locais de queima de gás e os parâmetros físico-químicos. Este estudo adoptou uma análise experimental de campo e de laboratório dos parâmetros físicos e químicos. As amostras de água foram analisadas quanto aos parâmetros físico-químicos utilizando procedimentos normalizados. Os parâmetros físico-químicos analisados foram o pH, a DO, a CBO, os DT, a condutividade, a turvação, a salinidade, a dureza total, a alcalinidade total, a temperatura; catiões e aniões e TPH, ferro, cobre, crómio, manganês, níquel, chumbo e zinco. Os resultados mostram que as águas subterrâneas continham quantidades elevadas de turvação (21,5NTU, 23,00NTU e 19,0NTU na água do furo e na água do poço), ferro (5,3mg/l na água subterrânea e 6,98mg/l na água do furo), carência biológica de oxigénio (3,80mg/l na água superficial) e o pH de todas as amostras de água era ácido na área de estudo. Estes resultados mostram que as águas subterrâneas, incluindo os furos, os poços e as águas superficiais da zona de estudo tinham adquirido níveis razoáveis de poluição. Para além destes casos específicos, verificou-se que outros valores eram inferiores ou superiores e correspondiam ao nível máximo admissível aprovado (ou seja, os limites máximos admissíveis para a água potável estabelecidos pela NAFDAC e pela OMS). O coeficiente de correlação de Pearson também indicou que havia uma correlação significativa entre os parâmetros físico-químicos estudados, tanto nas águas superficiais como nas subterrâneas. As águas subterrâneas foram, por conseguinte, mais afectadas pelos parâmetros químicos do que as águas superficiais. Este estudo recomenda a monitorização contínua da qualidade da água nas zonas produtoras de petróleo para proteger o homem e o ambiente. Além disso, é necessário alargar a avaliação biofísico-química a outras novas áreas da região do Delta do Níger, na Nigéria.

ÍNDICE DE CONTEÚDOS

ABREVIATURAS

DO	Dissolved Oxygen
EC	Electrical Conductivity
NTU	Nephelometric Turbidity Unit
TDS	Total Dissolved Solid
BOD	Biochemical Oxygen Demand
COD	Chemical Oxygen Demand
TSS	Total Suspended Solids
TPH	Total Petroleum Hydrocarbon

CAPÍTULO 1

INTRODUÇÃO

1.1   Antecedentes do estudo

A área alberga mais de 100 poços de petróleo, 9 locais de queima de gás, um centro de recolha de petróleo e gás, uma central de gás, uma central de gás para produção de eletricidade e várias centenas de quilómetros de oleodutos e gasodutos, todos localizados numa área de menos de 200 km^2 . Mais de 90% das operações da indústria petrolífera têm lugar no Delta do Níger. Alakpodia (2001) identifica a região do Delta do Níger como um terreno difícil e, como tal, todos os tipos de poluição ambiental são bastante elevados. Efe (2005) afirma que as massas de água no Delta do Níger estão fortemente poluídas devido à incidência recorrente de derrames de petróleo. A maior parte das micro-populações, na sequência de vários derrames de petróleo em grande escala, afectaram geralmente os recursos aquáticos (Ekweozor e Agbozu, 2001).

Reconhece-se que nenhum país se pode dar ao luxo de ignorar a boa gestão e a proteção do seu ambiente e dos seus recursos, que constituem a base do desenvolvimento e da sobrevivência humana (Agbozu e Ekweozor, 2001). O aumento da sensibilização para as questões ambientais pode ser atribuído a uma apreensão crescente dos perigos colocados à vida humana pelos vários segmentos ecológicos que resultam na degradação inabalável dos nossos recursos naturais devido à procura de desenvolvimento por parte do homem (Emoyan, Ogban e Akarah, 2005).

Em todo o mundo, as massas de água têm sido os principais locais de descarga de resíduos, especialmente os efluentes das indústrias que se encontram nas suas proximidades. Estes efluentes contêm substâncias tóxicas e têm grande influência na poluição das massas de água, uma vez que podem alterar a natureza física, química e biológica da massa de água recetora (Adekunle e Eniola, 2008). O efeito inicial dos resíduos é a degradação da qualidade física da água. Mais tarde, a degradação biológica torna-se evidente em termos de número, variedade e organização dos organismos vivos na água (Aisien, Gbegbaje e Aisien, 2010; Adekunle e Eniola, 2008).

A industrialização é considerada a pedra angular das estratégias de desenvolvimento devido à sua contribuição significativa para o crescimento económico e o bem-estar humano (Awake, 2012). A industrialização resulta frequentemente em poluição e degradação (Adekunle, 2008). A transferência de libertações desfavoráveis das indústrias é prejudicial para a saúde e segurança humana e animal (Asthana e Asthana, 2012). Existe, assim, o desafio de fornecer água em quantidade adequada e com a qualidade necessária para minimizar os riscos para a saúde humana e conservar as massas de água e o ambiente. As descargas de águas residuais de esgotos e indústrias são a principal componente da poluição da água, contribuindo para a procura de oxigénio e para a carga de nutrientes das massas de água, promovendo a proliferação de algas tóxicas e conduzindo a um ecossistema aquático desestabilizado (Morrison, Fatoki e Ekberg, 2001).

A água potável é uma necessidade básica do desenvolvimento humano, da saúde e do bem-estar e, por conseguinte, um direito humano internacionalmente aceite (OMS, 2001). Para além disso, a água tem sido vista como um recurso infinito e abundante; a água é um dos nossos recursos naturais mais importantes. Sem ela, não haveria vida na Terra. O abastecimento de água disponível para nosso uso é limitado pela natureza. Embora haja cerca de 70% de água na Terra, nem sempre se encontra no sítio certo, no momento certo e com a qualidade certa (Ogoni, 2010).

Na maior parte da região do Delta do Níger, na Nigéria, o principal desafio que se coloca aos sobreviventes é o fornecimento de água de boa qualidade (potável) devido à poluição e degradação ambiental (Efe, 2010b). Na maior parte das cidades, vilas e aldeias desta região, são gastas horas-homem valiosas na procura e obtenção de água de qualidade duvidosa para satisfazer necessidades especializadas (Ayoade, 2003; Kaizer, Adaikpoh, Osakwe e Obanogun-Odiete, 2001; Obasi e Balogun, 2001 e Ovrawah e Hymore, 2001).

A queima de gás polui o ambiente através de derrames de petróleo (Bronwen, 2007), alguns dos quais são frequentemente descarregados nos rios e ribeiros próximos. A maioria dos habitantes do Delta do Níger depende dos rios, ribeiros, águas pluviais e subterrâneas para as suas necessidades diárias de água. A qualidade da água é essencialmente determinada pelas suas características físicas, químicas e microbiológicas. Este estudo tem, portanto, o objetivo de determinar se a água da chuva e a água subterrânea num ambiente de queima de gás são potáveis.

1.2   Declaração do problema

A informação sobre a qualidade da água é muito escassa na maior parte do mundo, especialmente nas regiões tropicais que constituem cerca de 50% da superfície terrestre (Folkl, 2011). A produção de petróleo e gás começou em Ebocha já em 1958. A persistente queima de gás e os incessantes derrames de petróleo têm estado na ordem do dia neste ambiente. Em resultado das actividades de exploração petrolífera na zona, são descarregados no ambiente fluidos de perfuração, águas residuais oleosas e petróleo derramado em várias ocasiões, contendo muitos poluentes potencialmente perigosos. Estes poluentes incluem metais pesados, hidrocarbonetos, etc., que acabam por chegar às fontes de água que são utilizadas pelo homem e aos habitats naturais do biota (Mamuda, 2000).

A área acolhe mais de 100 poços de petróleo, 9 locais de queima de gás, um centro de recolha de petróleo e gás, uma central de gás, uma central de gás para produção de eletricidade e várias centenas de quilómetros de oleodutos e gasodutos, todos localizados numa área de menos de 200 km^2 .

No entanto, existem muito poucos dados disponíveis sobre a qualidade da chuva e das águas subterrâneas nos campos de petróleo e gás de Ebocha-Obrikom, no Estado de Rivers. É neste contexto que este estudo foi realizado para examinar a qualidade da chuva e das águas subterrâneas neste ambiente estrategicamente importante no Estado de Rivers, na Nigéria.

1.3   Objectivos do estudo

Este estudo examinou a qualidade das águas superficiais e subterrâneas destinadas ao consumo humano na zona de produção petrolífera de Ebocha-Obrikom, no Estado do Rio, na Nigéria.

Para o efeito, foram definidos os seguintes objectivos específicos

(i)   examinar a relação entre os parâmetros físico-químicos

(ii)   determinar a qualidade das águas superficiais e subterrâneas na área de estudo e

        compará-las com as normas nacionais e internacionais para a água potável.

(iii)   avaliar a qualidade da água dos furos e dos poços na zona de estudo.

(iv)   determinar a relação entre os locais de queima de gás e os parâmetros físico-químicos

        e

(v)   apresentar aos residentes e ao público em geral as recomendações necessárias com

        base nas conclusões.

1.4   Importância do estudo

Infelizmente, os dados sobre os estudos de poluição da área são bastante limitados, exceto na

base de consultoria. Este estudo irá evidenciar a diferença ou não entre a qualidade das águas

superficiais e subterrâneas na área de estudo: também irá sensibilizar a população local para o tipo de

água que é boa para eles como água potável de acordo com as normas recomendadas. Além disso,

fornecerá um quadro estrutural para uma gestão eficaz e precisa das águas superficiais e subterrâneas

e fornecerá uma base de dados para os investigadores envolvidos na avaliação dos recursos hídricos.

1.5   Âmbito do estudo

O estudo foi limitado aos campos de petróleo e gás de Ebocha-Obrikom e incide essencialmente

sobre os parâmetros físico-químicos, os níveis de metais pesados e o teor de hidrocarbonetos nas

águas superficiais e subterrâneas. O estudo limitar-se-á a apenas cinco (5) pontos de amostragem de

águas subterrâneas e pluviais nos campos de petróleo e gás de Ebocha-Obrikom, perfazendo um total

de 10 pontos de amostragem.

CAPÍTULO 2

REVISÃO DA LITERATURA RELACIONADA

2.1   Informações gerais sobre a poluição da água

A poluição é a introdução de substâncias, materiais, energia e sons no ambiente, pelo homem ou pela natureza, de forma deliberada ou acidental, de tal modo que as características físicas, químicas e biológicas do ambiente são alteradas ou degradadas, afectando a qualidade, a saúde, a utilização e a ocupação do ambiente, os recursos naturais e a sua utilização, os materiais artificiais, as actividades humanas e o bem-estar socioeconómico, constituindo um perigo para a saúde humana e para os outros seres vivos à superfície da terra (Raimi, 2008).

A poluição resulta da presença de materiais estranhos na massa de água que está a ser considerada (Akan, 2006). Em todo o mundo, a maioria das fontes de água não está livre da influência de poluentes (OMS, 2001). A água atmosférica condensada recebe poluentes do ar e condensa-os, enquanto os corpos de água superficiais e subterrâneos são contaminados por esgotos e efluentes industriais de diferentes agentes químicos orgânicos ou inorgânicos. Muitas massas de água superficiais recebem grandes quantidades de poluentes, quer como fontes pontuais ou não pontuais, o que pode tornar a água recetora perigosa para os organismos vivos que dela dependem (United States Environmental Protection Agency, 2008). Schueller (2006) opinou que a água é considerada poluída se já não for adequada para o objetivo para o qual foi originalmente concebida.

De acordo com Santra (2006), a poluição da água é um problema importante no contexto global. Ele acredita que pode ser uma das principais causas mundiais de morte e doença, enquanto Waziri (2006) registou que a poluição da água é responsável pela morte de mais de 14 000 pessoas por dia. Além disso, 3,4 milhões de pessoas morrem todos os anos de doenças relacionadas com a água (Bhatia, 2009). Isto é possível quando os poluentes transportados a longas distâncias são ingeridos pelo homem e os seus efeitos se manifestam sob a forma de doenças (USEPA, 2008).

Os problemas de poluição da água continuam a ser dominantes nos países em desenvolvimento e atingiram um estatuto devastador nos países desenvolvidos (EPA, 2003). O recente derrame de petróleo no Golfo do México, que durou mais de 3 meses, acabou por causar uma grave devastação nos organismos vivos do reino e, no auge da situação, o Presidente Barrack Obama dos Estados Unidos teve de admitir que o governo dos EUA não dispunha de tecnologia para conter o derrame, exceto a British Petroleum (BP) e, antes que o governo dos EUA pudesse conter o derrame, o presidente Barack Obama teve de admitir que o governo dos Estados Unidos não dispunha de tecnologia para conter o derrame, exceto a British Petroleum (BP).No calor da situação, o presidente Barrack Obama, dos Estados Unidos, teve de admitir que o governo dos EUA não dispunha de tecnologia para conter a fuga, exceto a British Petroleum (BP) e que, antes de a BP conseguir conter a fuga, já tinham sido causados danos tremendos à flora e à fauna de todo o Golfo do México e as ondas de água ajudaram a transportar as manchas de petróleo para as regiões vizinhas (Speak Out, 2010).

A EPA (2003), no seu relatório de inventário da qualidade da água apresentado ao Congresso dos EUA, registou que cerca de 45% dos quilómetros de cursos de água avaliados, 47% dos acres de lagos avaliados e 32% dos quilómetros quadrados de baías e estuários avaliados foram classificados como poluídos. Uma reportagem especial do Economist, de 11 de dezembro de 2008, referia que cerca de 700 milhões de indianos não têm acesso a instalações sanitárias adequadas e que cerca de 1 000 dessas crianças indianas morrem todos os dias de diarreia (obviamente através da água), enquanto cerca de 90% das cidades chinesas sofrem de algum grau de poluição da água.

Na maioria dos países em desenvolvimento, seja em áreas urbanas ou rurais, um número significativo de pessoas não tem casas de banho funcionais ou instalações de eliminação adequadas, aqui a tendência para ambos os resíduos biodegradáveis e não biodegradáveis serem eliminados direta ou indiretamente em corpos de água de superfície; alterando assim o ecossistema da água (Enger e Smith, 2010). Numa escala maior, a poluição da água foi registada mais na região do Delta do Níger do que em qualquer outra parte da Nigéria devido ao elevado nível de actividades relacionadas com o petróleo em curso na região (Ukoli, 2005).

As águas subterrâneas são mais difíceis de poluir e mitigar (Enger e Smith, 2010). As águas subterrâneas do Delta do Níger também foram alteradas. Por exemplo, em abril de 1997, amostras de água subterrânea colhidas em Luiwi, na terra de Ogoni, onde as actividades de prospeção e exploração petrolífera se mantiveram até à paragem da produção em 1993, foram analisadas nos Estados Unidos e descobriu-se que continham 18 ppm de hidrocarbonetos; 360 vezes o nível permitido na água potável na União Europeia (UE), enquanto outra amostra de Ikewe continha 34 ppm, 680 vezes a norma da UE para a água potável (Nwilo e Badejo, 1995). Recentemente, Nwankwo e Ogagarue (2011) estudaram o efeito da queima de gás nas águas superficiais e subterrâneas em Warri e Abraka, no Estado do Delta, na Nigéria, e concluíram que, embora as águas subterrâneas fossem relativamente seguras em ambos os casos, as águas superficiais necessitavam de tratamento antes de poderem ser consumidas.

2.2 Classificação da poluição da água

A poluição da água pode ser amplamente classificada em duas categorias, dependendo do estado de toxicidade dos poluentes, poluição tóxica e não tóxica (USEPA, 2008).

2.2.1 Poluente tóxico

Como o nome indica, isto refere-se à adição de substâncias metabólicas activas venenosas numa massa de água recetora de tal forma que a massa de água recetora adquire capacidades para prejudicar os organismos vivos, dependentes deles (Kolo, 2007). Hammer (1997) e Stanislav (2004) concordam que a poluição tóxica pode ser prejudicial para alguns ou todos os biota do corpo de água recetor e, consequentemente, para o homem. Estas substâncias são capazes de se bioacumular nas células dos organismos vivos antes de induzir efeitos agudos e/ou crónicos (Akan, 2006). A poluição tóxica inclui vários metais pesados, ácidos e álcalis fortes, bem como um grande número de compostos orgânicos

(Kolo, 2007).

2.2.2 Poluente não tóxico

Isto é exatamente o oposto da poluição tóxica (Hammer, 1997). Aqui, as massas de água receptoras recebem e contêm substâncias metabolicamente activas não tóxicas que não têm a capacidade de prejudicar os organismos vivos que delas dependem, mas que têm o potencial de alterar os delicados conjuntos biológicos nessas massas de água (Santra, 2006). A descarga excessiva ou reduzida de tais poluentes apenas altera o delicado equilíbrio da natureza e o frágil ecossistema (Amukali e Mensha, 2000). Isto pode levar a um crescimento excessivo ou suprimido de certos organismos (Cioccio, 1991). Afectam o valor estético do ambiente sem prejudicar significativamente a biodiversidade; por conseguinte, podem ser mais contaminantes do que poluentes (Enger e Smith, 2010).

A água na sua forma mais pura é um composto químico simples constituído por dois átomos de hidrogénio e um átomo de oxigénio que se ligam covalentemente para formar uma molécula. É conhecida como a mais complexa de todas as substâncias familiares que são compostos químicos simples. É uma substância extraordinária que existe nos três estados da matéria (gasoso, líquido e sólido). No seu estado puro, a água é incolor, inodora, insípida, congela a 0°C, tem um ponto de ebulição de 100°C a uma pressão de 760 mmHg, com uma densidade máxima de $1g/cm^3$ a 4°C. É termicamente estável a temperaturas tão elevadas como 2700°C. A água é neutra ao tornassol, com um pH de 7 e sofre uma auto-ionização reversível muito ligeira mas importante (Ezekiel, Hart e Abowei, 2011).

A água limpa e fresca é necessária para beber, tomar banho, nadar, para os habitats dos peixes e da vida selvagem, para a irrigação das culturas, para a transformação dos alimentos e para uma série de processos de fabrico. A água limpa é, antes de mais, uma questão de saúde pública (Daniels e Daniels, 2003). O abastecimento fiável e a longo prazo de água potável é essencial para a sustentabilidade das comunidades e regiões. De acordo com a Agência de Proteção do Ambiente dos Estados Unidos (2002), cerca de 40% dos cursos de água americanos não são adequados para beber ou nadar e cerca de quatro em cada cinco residentes nos EUA vivem a menos de 10 milhas de um lago, rio, riachos ou zona costeira poluídos (U.S. EPA, 2000).

A água poluída pode ser limpa. Talvez os exemplos mais dramáticos na América sejam o Lago Erie, que em 1970 foi declarado "morto" devido à falta de vida aquática. Atualmente, o Lago Erie tem uma abundância de peixes. No entanto, a definição de água limpa depende da utilização que se faz dessa água (Daniels e Daniels, 2003). Por exemplo, a água para beber deve ser mais limpa do que a água para nadar, que por sua vez deve ser mais limpa do que a água utilizada para regar os relvados. Embora sejam utilizadas medições científicas para definir a qualidade da água, não é simples dizer que "esta água é boa" ou "esta água é má". A avaliação da ocorrência de substâncias químicas que podem prejudicar a qualidade da água, tais como nutrientes e pesticidas nos recursos hídricos, exige o reconhecimento de interconexões complicadas entre as águas superficiais e subterrâneas, as contribuições atmosféricas, as características da paisagem natural, as actividades humanas e a saúde aquática (Rao, 2010).

Tabela 2.1: Características físicas e químicas da água

Contaminant	Characteristics	Potential Health and other Effects
pH	Indicates by numerical expression the degree to which water is alkaline or acidic. Represented on a scale of 0-14 where 0 is the most acidic and 14 is the alkaline or neutral.	High pH causes a bitter taste, water pipes and water using appliances becomes encrusted, depresses the effectiveness of the disinfection of chlorine, thereby causing the need for additional chlorine when pH is high. Low pH water will corrode dissolve metal and other substances.

Chloride	May be associated with the presence of sodium in drinking water when high concentrations often form saltwater intrusion, mineral dissolution, industrial and domestic waste.	Deteriorates plumbing, water heaters and municipal water works equipment at high levels. Above secondary maximum contaminant level, taste becomes noticeable.
Dissolve solids	Occurs naturally but often enters environment from man – made sources such as landfill, leachate, feedlots or sewage. A measure of the dissolved "salts" or minerals in the water. May also include some dissolved organic compounds	May have an influence or the acceptability of water in general. May be indicative of the presence of excess concentrations of specific substances not included in the safe water drinking Act, which would make water objectionable. High concentrations of dissolved solids shorten the life of hot water heaters.
Iron	Occurs naturally as a mineral from sediments and rocks or from mining, industrial waste and corroding metal.	Imparts a bitter astringent taste to water and a brownish colour to laundered clothing and plumbing fixtures.
Nitrate (as Nitrogen)	Occurs naturally in mineral deposits, soils, sea water, fresh water systems, the atmosphere and biota. More stable form of combined nitrogen in oxygenated water. Found in the highest levels in ground water under extensively developed areas. Enters the environment from fertilizer, feedlots and sewage.	Toxicity results from the body's natural breakdown of nitrate to nitrite causes "blue baby" disease or methaemoglobinemia which threatens oxygen carrying capacity of the blood.

Nitrite (combined nitrate/nitrite)	Enters environment from fertilizer, sewage and other human or farm animal waste.	Toxicity results from the body natural breakdown of nitrate to nitrite. Causes "blue baby diseases" or methaemoglobinemia, which threatens oxygen–carrying capacity of the blood.
Sodium	Derived geologically from leaching of surface and underground deposits of salt and decompositions of various minerals. Human activities contribute through de-icing and washing products.	Can be a health risk factor for those individuals on a low sodium diet.
Turbidity	Caused by the presence of suspended matter as clay, silt, and fine particles of organic and non – organic matter, plankton, and other microscopic organisms. A measure of how much light can filter through water samples.	Objectionable for aesthetic reason. Indicative of clays or other suspended particles in drinking water. May not adversely affects health but may cause need for additional treatment. Following rainfall, variation in ground water turbidity may be an indicator of surface contaminants into the mouths.

Adaptado de USGS, (2002).

A vulnerabilidade à degradação das águas superficiais e subterrâneas depende de uma combinação de características naturais da paisagem, como a geologia, a topografia e os solos, de contributos climáticos e atmosféricos e de actividades humanas relacionadas com diferentes utilizações e práticas de gestão dos solos. Atualmente, ouvimos falar cada vez mais de situações em que a qualidade da nossa água não é suficientemente boa para utilizações normais. Foram detectados poluentes químicos em cursos de água que põem em perigo a vida das plantas e dos animais, ocorreram derrames de águas residuais que obrigaram as pessoas a ferver a água potável; pesticidas e outros produtos químicos infiltraram-se no solo e prejudicaram a água dos aquíferos, e as escorrências com poluentes provenientes de estradas e parques de estacionamento afectaram a qualidade dos cursos de água urbanos. A qualidade da água tornou-se uma questão muito importante atualmente, em parte devido ao enorme crescimento da população do país e à expansão e desenvolvimento urbanos. As zonas rurais também podem contribuir para os problemas de qualidade da água. As operações agrícolas de média e grande escala podem gerar mais azoto e fósforo nas culturas ou nos animais, através da alimentação dos animais e da aquisição de fertilizantes e estrume. Estes nutrientes em excesso têm o potencial de degradar a qualidade da água incorporada nas escorrências das explorações agrícolas para os cursos de água e lagos. Todo este crescimento coloca uma grande pressão sobre os recursos hídricos naturais e, se não formos diligentes, a qualidade da nossa água será afetada. A Organização Mundial de Saúde (OMS, 2006) estima que 80% de todas as doenças e enfermidades nos países menos desenvolvidos podem ser atribuídas a agentes infecciosos transmitidos pela água e à falta de saneamento adequado. O Banco Mundial também estimou que 200 milhões de episódios de diarreia febril ocorreriam todos os anos e que 2 milhões de mortes infantis seriam registadas como resultado da má qualidade, quantidade e saneamento da água. Os critérios de qualidade da água, as normas e as regras jurídicas conexas são utilizados como meios administrativos para manter a qualidade da água exigida pelos utilizadores. O requisito nacional mais comum para a qualidade da água potável é o de uma água potável de qualidade adequada e muitos países, incluindo a Nigéria, mantêm as suas próprias normas baseadas nas directrizes da Organização Mundial de Saúde (OMS) para a qualidade da água potável segura.

2.3 Qualidade da água da chuva

A precipitação atmosférica resulta do arrefecimento do ar saturado de vapor de água ou de gotículas de nuvens até um ponto em que estas deixam de estar suspensas no ar (Adeniyi, 2000). De acordo com Ayoade (2003), os factores básicos que causam a precipitação são: humidade atmosférica suficiente, arrefecimento do ar húmido, condensação do vapor de água em forma líquida ou sólida e crescimento dos produtos de condensação até ao tamanho da precipitação. A chuva é mais ou menos a única forma de precipitação atmosférica nos trópicos, enquanto que na região temperada, cerca de um quarto a um terço da precipitação ocorre sob a forma de neve (Adeniyi, 2000). Hutchinson (1990), tal como adotado por Adeniyi (2000), fez uma excelente descrição de como a formação da chuva é conseguida na presença de agregados carregados de moléculas de núcleos para incluir: A precipitação atmosférica (chuva) afecta o ecossistema de muitas maneiras e, por isso, continua a interessar especialistas de várias disciplinas (Adeniyi, . É uma via importante para muitos ciclos biogeoquímicos e, como tal, afecta tanto a estrutura e o funcionamento do ecossistema como a qualidade da água subterrânea (Adeniyi, 2000). Por exemplo, a água da chuva, através da infiltração, pode lavar os resíduos químicos das terras agrícolas que são cobertas com fertilizantes e pesticidas. É por esta razão que a precipitação está a ser considerada uma das principais causas da poluição da água, mais do que o seu contributo mineral real. O ciclo hidrológico, o mecanismo de estado estacionário através do qual os seus reservatórios e fluxos são mantidos, é bem conhecido (Figura 2.1).

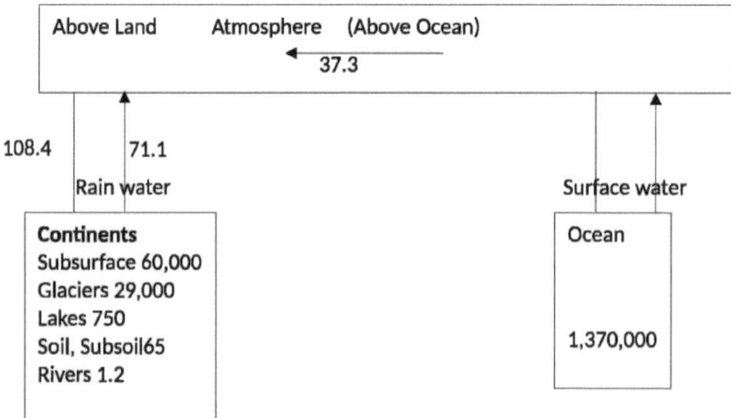

Figura 2.1: Quantidades de água em vários reservatórios biogeoquímicos e taxas de fluxo anuais para o ciclo hidrológico mundial. Os números representam milhares de quilómetros cúbicos (Adaptado de Adeniyi, 2000).

2.4 Composição química da água da chuva

Sem dúvida, o impacto da chuva nas águas subterrâneas dependerá, em grande medida, da sua composição química. A este respeito, é importante notar que não existem análises realmente completas de amostras individuais, embora alguns compostos, nomeadamente o nitrato e o amoníaco, tenham sido determinados centenas ou talvez milhares de vezes, outros foram estimados apenas numa única ocasião. (Hutchinson, 1990). Mais uma vez, a informação é muito escassa na maior parte do mundo, especialmente nas regiões tropicais que constituem cerca de 50% da superfície terrestre (Obiekezie, 2006).

2.5 Formação de chuva ácida devido à poluição atmosférica

Quando o dióxido de enxofre (SO_2) no ar se mistura com a água (H_2O), forma ácido sulfúrico (H_2SO_4) na chuva. A chuva ácida corrói e desfigura os nossos edifícios. Além disso, reduz o pH do solo, fazendo com que elementos tóxicos como o alumínio entrem em solução (Rose, 1994).

A chuva ácida é um problema particularmente problemático porque os poluentes que a causam podem ser emitidos a longas distâncias (por vezes para além das fronteiras nacionais) a partir das quais ocorrem as verdadeiras quedas de chuva ácida. A chuva ácida afecta o ecossistema de um lago, dissolvendo elementos químicos necessários à vida e mantendo-os em solução, de modo a que saiam do lago com o transbordo da água. Também afecta as folhas das árvores e até a capacidade das plantas de tolerar temperaturas extremas (especialmente em condições climáticas frias) das regiões temperadas (Hesketeth, 1991).

2.6 Qualidade das águas subterrâneas

As águas subterrâneas, bombeadas da superfície da terra, são frequentemente mais baratas, mais convenientes e menos vulneráveis à poluição do que as águas superficiais. Por conseguinte, é normalmente utilizada para o abastecimento público de água. As águas subterrâneas constituem a maior fonte de armazenamento de água utilizável nos Estados Unidos. Os reservatórios subterrâneos contêm muito mais água do que a capacidade de todos os reservatórios e lagos de superfície, incluindo os Grandes Lagos. Nalgumas zonas, a água subterrânea pode ser a única opção. Alguns municípios sobrevivem exclusivamente de águas subterrâneas. O facto de ter um poço que produz água em abundância não significa que possa ir beber um copo (USGS, 2002). Uma vez que a água é um excelente solvente, pode conter muitos químicos dissolvidos. E como a água subterrânea se move através das rochas e do solo subsuperficial, tem a oportunidade de dissolver substâncias à medida que se move. Por essa razão, a água subterrânea terá frequentemente mais substâncias dissolvidas do que a água de superfície ou da chuva, USGS (2002). Este ponto é ainda reforçado por (Ayoade, 2003) que afirmou que "normalmente a composição química da água subterrânea é diferente da da água superficial porque a primeira contém uma maior proporção de minerais e sais em solução. Estes são derivados das rochas através das quais a água se move".

"Embora o solo seja um excelente mecanismo de filtragem de partículas, como folhas, terra e insectos, os produtos químicos dissolvidos podem ocorrer em concentrações suficientemente grandes nas águas subterrâneas para causar problemas. A água subterrânea pode ser contaminada por minerais, produtos químicos domésticos e agrícolas provenientes da superfície. Isto inclui químicos como pesticidas e herbicidas que muitos proprietários aplicam nos seus relvados" (USGS, 2002). A contaminação das águas subterrâneas pelo sal das estradas é uma grande preocupação nas zonas do norte dos Estados Unidos. O sal é espalhado nas estradas para derreter o gelo e, como o sal é solúvel na água, o excesso de sódio e cloreto é facilmente transportado para as águas subterrâneas; no entanto, Ayoade (2003) tem uma opinião diferente sobre a afirmação acima referida. De acordo com ele, ao contrário das águas superficiais, as águas subterrâneas são menos facilmente poluídas e são geralmente livres de bactérias patogénicas, sabor e odor que são removidos pela filtração da água percolada pelos aquíferos. No entanto, concordou que todas as águas subterrâneas contêm sais em solução. O tipo e a concentração de sais dependem do ambiente, do movimento e da fonte de água subterrânea.

O problema mais comum da qualidade da água nas zonas rurais é a contaminação bacteriana causada por fossas sépticas, que são frequentemente utilizadas em zonas rurais que não dispõem de sistemas de tratamento de águas residuais (Ogoni, 2010). Os efluentes (transbordos e fugas) de uma fossa séptica podem infiltrar-se no lençol freático e talvez no poço do proprietário da casa. Tal como acontece com o abastecimento urbano de água, pode ser necessária a cloração para matar as bactérias perigosas. O Serviço Geológico dos Estados Unidos está envolvido na monitorização dos abastecimentos de água subterrânea das Nações Unidas. Existe uma rede nacional de poços de observação para medir regularmente os níveis de água nos poços e para investigar a qualidade da água. Os resultados de uma única medição das propriedades da água são, na verdade, menos importantes do que analisar a forma como as propriedades físico-químicas variam ao longo do tempo e outros factores, ou seja, as alterações climáticas (Ogoni, 2010). As propriedades que foram testadas fornecem uma base sobre questões de qualidade da água, por exemplo, o relatório do PNUA em Ogoniland.

2.7   Avaliação da poluição ambiental

A preocupação crescente com a avaliação e o controlo da poluição ambiental pode ser atribuída a uma tomada de consciência cada vez maior dos perigos que a degradação incessante dos nossos recursos básicos de terra, água, ar e vegetação representa para a vida humana e para a posteridade, na busca do desenvolvimento do homem (Santra, 2006).

A industrialização é um dos principais índices de desenvolvimento global e nacional. Mas, na maior parte das vezes, a industrialização tem sido uma bênção mista para a humanidade: se por um lado melhora a qualidade de vida, por outro, coloca sérias ameaças à gestão dos ecossistemas naturais e à segurança da saúde pública. É inegável que o desenvolvimento industrial traz benefícios óbvios, mas as provas científicas mostram atualmente que as práticas industriais não controladas conduziram a níveis elevados inaceitáveis de substâncias nocivas ou tóxicas no ar, nas massas de água e no solo; à destruição das florestas e à acumulação de resíduos perigosos com consequências ambientais significativas (OMS, 2006). Estes poluentes são arrastados para fora da atmosfera por deposição húmida, limpando-a, mas, por sua vez, poluindo o solo e as massas de água e alterando a sua química, o que acaba por resultar na morte de peixes e árvores. Estes efeitos nocivos, a curto ou a longo prazo, reversíveis ou irreversíveis, resultantes das actividades industriais no ambiente, devem ser avaliados e apreciados.

Os problemas de poluição da água continuam a ser dominantes nos países em desenvolvimento e atingiram um estatuto devastador nos países desenvolvidos (Agência de Proteção do Ambiente, 2001). A recente fuga de petróleo no Golfo do México, que durou mais de 3 meses, acabou por causar uma grave devastação dos organismos vivos da região e, no auge da situação, o Presidente Barrack Obama dos Estados Unidos teve de admitir que o governo americano não dispunha de tecnologia para conter a fuga, exceto a British Petroleum (BP) e, antes de a BP conseguir conter a fuga, já tinham sido causados enormes danos à flora e à fauna de todo o Golfo do México e as ondas de água ajudaram a transportar as manchas de petróleo para as regiões vizinhas (Speak Out, 2010).

A EPA (2001), no seu relatório de inventário da qualidade da água apresentado ao Congresso dos EUA, registou que cerca de 45% dos hectares de lagos avaliados e 32% das milhas quadradas de baías e estuários avaliados foram classificados como poluídos. Uma reportagem especial do Economist, de 11 de dezembro de 2008, referia que cerca de 700 milhões de indianos não têm acesso a instalações sanitárias adequadas e que cerca de 1000 destas crianças indianas morrem diariamente de diarreia (obviamente, contactada através da água), enquanto cerca de 90% das cidades chinesas sofrem de algum grau de poluição da água (EPA, 2003).

Na maioria dos países em desenvolvimento, seja em áreas urbanas ou rurais, um número significativo de pessoas não tem casas de banho funcionais ou instalações de eliminação adequadas, daí a tendência de ambos os resíduos biodegradáveis e não biodegradáveis serem eliminados direta ou indiretamente em corpos de água de superfície, alterando assim o ecossistema da água (Enger e Smith, 2010). Numa escala maior, a poluição da água foi registada mais na região do Delta do Níger do que em qualquer outra parte da Nigéria devido ao elevado nível de actividades relacionadas com o petróleo em curso na região (Ukoli, 2005).

As águas subterrâneas são mais difíceis de poluir e de migrar (Enger e Smith, 2010). As águas subterrâneas do Delta do Níger também foram alteradas. Por exemplo, em abril de 1997, amostras de água subterrânea colhidas em Luiwi, na terra de Ogoni, onde as actividades de prospeção e exploração petrolífera decorreram até à paragem da produção em 1993, foram analisadas nos Estados Unidos e descobriu-se que continham 18ppm de hidrocarbonetos, 360 vezes o nível permitido na água potável na União Europeia (UE), enquanto outra amostra de Ikwere continha 34ppm, 680 vezes a norma da UE para a água potável (Nwilo e Badejo, 1995). Recentemente, Nwankwo e Ogagarue (2011) estudaram os efeitos da queima de gás nas águas superficiais e subterrâneas em Warri e Abraka, no Estado do Delta, Nigéria, e concluíram que, embora as águas subterrâneas fossem relativamente seguras em ambos os casos, as águas superficiais necessitavam de tratamento antes de poderem ser consumidas.

Os programas de monitorização ambiental devem ser desenvolvidos em relação aos problemas de aumento da poluição bruta e específica do local no ambiente (Opuene e Agbozu, 2008). Em alguns casos, houve avisos de que poluentes específicos deveriam ser medidos periodicamente na tentativa de avaliar os seus impactos. Noutros casos, as recomendações sugeriram que é importante monitorizar os poluentes na água, nos sedimentos e na biota chave ou sentinela (Opuene e Agbozu, 2008).

A monitorização da poluição ambiental foi, por conseguinte, considerada como consistindo na recolha repetitiva de dados com o objetivo de determinar as tendências dos parâmetros ambientais (Ejechi, Olobaniyi, Ogban e Ugbe, 2007). Argumentaram que as avaliações, que são possíveis através da monitorização, incluem tanto indicações *a priori* de problemas que se desenvolvem num recurso antes de esses problemas se tornarem críticos, como avaliações *a posteriori* de alterações temporais em parâmetros específicos de interesse (Ogoni, 2010).Khitoliya (2004) e Nduka e Orisakwe (2007) reconheceram mais razões para a realização de avaliação e monitorização ambiental. Estas razões podem ser resumidas da seguinte forma:

(i)   Rastreio de efluentes, águas receptoras e biota potencialmente nocivos tóxicos, incluindo, em certos casos, a avaliação dos requisitos para o controlo das emissões;

(ii)   Investigar o efeito da qualidade ambiental na saúde humana ou noutras

numa tentativa de elucidar a relação de causa e efeito;

(iii)   Estudar as fontes, as vias de transporte e os sumidouros de contaminantes na

ambiente;

(iv)   Fornecer um registo histórico das emissões ou da qualidade ambiental, em

a fim de verificar as taxas de conformidade com as normas ou a legislação pertinentes;

(v)   Investigar o impacto ambiental específico de poluentes individuais.

Estes estudos podem ser efectuados em avaliações de produtos, ou em tentativas de minimizar os impactos prejudiciais dos efluentes/emissões nos ecossistemas ou em investigações como a avaliação de perigos. De acordo com Binning e Baird (2001), a monitorização estudada nos ecossistemas do rio Swartkops é importante porque ajuda a determinar a fonte dos poluentes (metais pesados) para que as suas concentrações não atinjam níveis tóxicos.

2.8   A indústria petrolífera e a poluição no Delta do Níger

O petróleo bruto é uma mistura constituída predominantemente por hidrocarbonetos. De acordo com Whittle, Hardy, Mackie e McGill (1982), é uma mistura de muitos milhares de compostos orgânicos, mais de três quartos dos quais são geralmente hidrocarbonetos. Outros constituintes em concentrações vestigiais são os compostos que contêm enxofre, oxigénio e azoto e alguns metais, em especial o níquel e o vanádio (Morrison *et al.*, 2001). O petróleo bruto é um líquido viscoso castanho-escuro, menos denso do que a água do mar. Os óleos são geralmente classificados como óleos brutos ou produtos refinados ou de acordo com a sua viscosidade. Os petróleos brutos contêm espécies moleculares semelhantes com milhares de compostos que vão desde gases a resíduos com pontos de ebulição superiores a 35°C e variam acentuadamente na sua composição detalhada. O ponto de ebulição é uma propriedade física importante dos hidrocarbonetos. Serve como um índice significativo na separação dos vários compostos em fracções com características individuais, tais como combustíveis e lubrificantes específicos (Morrison *et al.*, 2001). Achi e Shide (2004) referiram que os petróleos brutos nigerianos são basicamente de dois tipos. São eles o leve nigeriano, que contém uma elevada percentagem de hidrocarbonetos nafténicos, e o médio nigeriano, que tem uma gravidade específica mais elevada e mais resíduos a ferver a temperaturas superiores a 37°C.

As actividades da indústria petrolífera em Ogoni e noutros locais do Delta do Níger centram-se na exploração, prospeção, perfuração, produção e refinação de petróleo. Outros processos químicos complexos impulsionam estas actividades. Em todas as fases da sua exploração, produção, transporte, refinação e utilização, as actividades da indústria petrolífera podem ter um impacto negativo no ambiente. Algumas destas actividades são necessárias para o êxito das actividades da indústria petrolífera, como a perfuração de poços e a instalação de equipamentos de superfície, como condutas e redes rodoviárias. De facto, os efeitos de algumas destas actividades podem ser considerados positivos se aumentarem o potencial recreativo de uma zona. No entanto, mesmo estes efeitos positivos têm o potencial de degradação ambiental (Ogoni, 2010).

A poluição por hidrocarbonetos é talvez um dos problemas mais generalizados que o Delta do Níger enfrenta. Os ambientes aquáticos e terrestres são geralmente os mais afectados pelo aumento da população, bem como pela rápida taxa de urbanização e industrialização, o fluxo de poluentes para os solos e as águas aumentou consequentemente. Além disso, vastas áreas de terra ou de solo foram tornadas estéreis e, consequentemente, desnudadas. Estas áreas consistem agora numa configuração de terras marcadas/ruins. Escrevendo sobre mais provas da devastação causada pelo petróleo no Delta do Níger, o Africa Today (1996) relatou que há cerca de 300 derrames anuais na indústria petrolífera, que libertam todos os anos cerca de 2.300 metros cúbicos de petróleo no ambiente ecologicamente sensível do Delta do Níger. De acordo com a publicação, os derrames são apenas um dos impactos adversos das actividades petrolíferas no Delta do Níger e na sua plataforma continental. O documento identificou os levantamentos sísmicos, os canais e os resíduos gerados durante o exercício de perfuração como outros factores que podem ter potenciais impactos adversos no ambiente.

Olobaniyi e Owoyemi (2006) identificaram várias fontes de onde o petróleo pode derramar e causar poluição na região de Warri, no Delta do Níger, na Nigéria. Estas são (i) Exploração e produção onshore e offshore;

(ii)   Operações de transporte;

(iii)   Operações de marketing, incluindo operações de terminal;

(iv)   Refinação de petróleo

(v)   Roubo ou abastecimento de petróleo

Estas fontes foram objeto de uma análise mais aprofundada por Iheyen e Aghimien (2008). Do mesmo modo, Ovrawah e Hymore (2001) identificaram as fugas nas condutas, as falhas de sobrepressão/transbordamento de componentes do equipamento de processamento, a sabotagem das cabeças dos poços e das condutas, as falhas nas mangueiras do sistema de carregamento dos camiões-cisterna SBM/SPM e as falhas ao longo dos colectores de descarga das bombas (efeitos de vibração) como as principais causas de poluição petrolífera no Delta do Níger.

A poluição do solo, do ar, da água e do oceano constitui uma ameaça grave e contínua para a saúde dos seres humanos e de outras espécies. A queima de gás causa vários graus de poluição. Além disso, os agricultores locais e os habitantes do Delta do Níger queixaram-se de um atraso no crescimento e na produtividade das culturas agrícolas em torno das chamas de gás e de um certo nível de reação na química do seu corpo. Ezekiel *et al.* (2011) demonstram o efeito das chamas de gás no crescimento das plantas e da vegetação. No seu trabalho sobre a avaliação do impacto ambiental das actividades petrolíferas em Omoku e arredores, no Estado de Rivers, descobriram que a temperatura do ar, do solo e das folhas aumentou. Além disso, a humidade relativa do ar diminuiu num raio de 100 m a partir dos locais de queima, o teor de clorofila das folhas e o comprimento entre nós da planta *Eupatorium* diminuíram perto das queimas. Eles também identificaram que a floração da planta de dia curto, *Eupatorium velorantum*, foi suprimida na área das chamas. Para além disso, uma área nua, com 30 - 40m de raio, ocorre em torno das chaminés. Fora desta área, a composição das espécies (vegetação) foi afetada pelas chamas até uma distância de cerca de 100 m das chaminés. Observaram ainda que o número total de espécies de culturas, de árvores e a infertilidade do solo são amplamente visualizados à medida que diminuem perto da chaminé, embora a proporção de plantas concorrentes tenha aumentado. Oluwatimilahin (1982) observou uma depressão na floração e na frutificação do quiabo, das palmeiras e da mandioca. Observou que os tubérculos diminuíam em comprimento e altura com a diminuição da distância das chamas de gás.

Ogunkoya e Efi (2003) estudaram o efeito da queima de gás no crescimento, produtividade e rendimento de culturas agrícolas seleccionadas na estação de fluxo de Izombe, localizada no Estado de Imo. Descobriram que o impacto foi de cerca de 100% de perda de rendimento em todas as culturas cultivadas, 45% para as culturas a cerca de 600 metros e 10% de perda de rendimento para as culturas a cerca de 100 metros de distância do queimador. A chama não afectou significativamente as características físicas e químicas do solo. Os microrganismos isolados na área de estudo eram todos mesófilos, e a extensão do impacto da chama foi de cerca de 20-30% de redução na abundância de espécies bacterianas e de cerca de 35-61% nos fungos. Os efeitos foram reduzidos com o aumento da distância da chama. Datubo-Brown e Kejeh (1989) estudaram e apresentaram o caso de trinta e nove crianças com fendas congénitas no Hospital Universitário de Port Harcourt durante um período de quatro anos (1984-87). O resultado da sua investigação mostrou que a maioria (69%) destas crianças provinha do eixo de Port Harcourt, Eleme e Ahoada do Estado de Rivers. Apesar de ainda não haver provas de que existe uma relação de causa e efeito entre as deformações e a poluição industrial, foi chamada a atenção para a associação de uma relação positiva. Os autores argumentaram que os hidrocarbonetos, como o metano e os aromáticos policíclicos, quando inalados em casa ou no local de trabalho, podem provocar riscos para a reprodução no homem. Numa investigação sobre a produção agrícola na zona de Ogba/Egbema, no Estado de Rivers, Ekundayo (2006) referiu que os insectos se juntavam para desfrutar do calor e da luz das chamas de gás da floresta durante a noite. Observou-se que o rápido aumento da população de insectos e a consequente destruição das culturas eram um fenómeno bastante novo que surgiu com a produção de petróleo. No entanto, não se sabe se o calor do gás queimado favorece a reprodução dos insectos. O impacto da queima de gás na degradação da vegetação foi estudado por Etu - Efeotor (1998) em quatro locais de queima no antigo Estado do Rio (agora Estados de Bayelsa e Rivers). O estudo revela que a frequência e a densidade das espécies vegetais diminuem com a distância aos locais de queima de gás, mas que a queimadura das folhas aumenta em redor dos locais de queima. Moffat e Linder (1995) observaram que existe uma especulação generalizada na região do Delta do Níger de que a queima de gás pode contribuir para a acidificação dos solos e a corrosão dos telhados metálicos. No entanto, argumentaram que não foram encontradas provas empíricas de que a acidificação cause tais danos.

Agbozu (2001) observou que os poluentes causados pela queima de gás e por outros mecanismos são transferidos através de agentes móveis (ar e água de escoamento) para afetar o solo, a vegetação, as estruturas, as massas de água e os oceanos como sumidouros através de um processo de mecanismo de eliminação. O resultado, segundo ele, é que o recetor pode ser uma pessoa ou um animal que respira o ar. Como resultado dos gases poluentes, identificou-se que eles suprimem algumas das propriedades da atmosfera, como a sua capacidade de transmitir energia radiante.

Ofomata (1997) apelou à investigação intensiva de todos os aspectos do impacto ambiental da queima de gás. Argumentou que a queima de gás conduz à carbonização da vegetação dos mangais e das florestas tropicais da região petrolífera, bem como de numerosas espécies vegetais de valor económico e botânico. Observou que, para além destas implicações ambientais óbvias, o calor e o brilho têm dois efeitos importantes nas aldeias vizinhas. Algumas delas terão sido obrigadas a abandonar as suas casas e terrenos agrícolas. Mas o mais importante é que os habitantes das aldeias se queixam de que o calor e o brilho extraordinários afectam seriamente a caça tradicional, afugentando os animais da sua variedade habitual. Identificou as suas graves implicações na ocupação e na alimentação das populações. Também afirmou que a intensidade e a pressão do calor podem ter algum efeito, influência e modificações na temperatura e no orçamento térmico da região.

2.9 Organismos de água doce e poluição por hidrocarbonetos

Os efeitos dos derrames de petróleo e os seus impactos ecológicos são influenciados por uma série de factores, tais como

(i)   A quantidade de petróleo que afecta o ambiente;

(ii)   O tipo de óleo;

(iii)   Condições meteorológicas;

(iv)   Turbidez da água;

(v)   A presença de outros poluentes;

(vi)   Os efeitos das mudanças sazonais;

(vii)   Tipo de biota;

(viii)   Tratamento de derrames (Omotosho, 2007).

Os sistemas biológicos diretamente afectados pelo petróleo bruto incluem mamíferos, aves, répteis, peixes, crustáceos, moluscos, poliquetas, zooplâncton e fitoplâncton (Omotosho, 2007). A poluição por hidrocarbonetos, quer seja devida a derrames ou à descarga de petróleo bruto ou de produtos refinados, pode danificar o ecossistema aquático de muitas formas diferentes. Estas podem incluir:

(i)   Morte direta de organismos através de revestimento e asfixia;

(ii)   Morte direta por envenenamento de organismos por contacto;

(iii)   Morte direta por exposição a componentes tóxicos solúveis em água de óleo a alguma distância no tempo e no espaço do local do derrame;

(iv)   Destruição das formas juvenis, geralmente mais sensíveis, de organismos;

(v)   Destruição das fontes de alimentação das espécies superiores;

(vi)   Incorporação de quantidades subletais de petróleo e produtos petrolíferos em organismos, resultando numa redução da resistência à infeção e a outros stresses;

(vii)	Destruição dos valores alimentares através da incorporação de óleo e óleo no ambiente aquático e a incorporação de agentes cancerígenos na cadeia alimentar marinha e nas fontes alimentares humanas;

(viii)	Efeitos de baixo nível que podem interromper qualquer um dos numerosos eventos necessários à propagação das espécies marinhas e à sobrevivência dessas espécies, que se encontram na cadeia alimentar aquática (Morrison *el al.*, 2001).

Uma das principais preocupações dos derrames de petróleo é o seu efeito nos peixes e nas pescas. Este facto é frequentemente apresentado como a principal justificação para os vários estudos de toxicidade e de impacto dos derrames patrocinados pelas companhias petrolíferas e pelos organismos reguladores. Infelizmente, a maioria não está disponível ao público (Ibeanu, 2000). Além disso, o autor afirmou que existem boas provas de que a pesca local é afetada pelo facto de os peixes migradores evitarem outras zonas. Durante os seus estudos sobre o estabelecimento de dados de base para a monitorização completa da poluição aquática relacionada com o petróleo na Nigéria, Nduka, Ezeakor e Okoye, (2007) identificaram três zonas aquáticas principais da área produtora de petróleo da Nigéria. Estas são:

(i)	Pântanos de água doce não mareados;

(ii)	Pântanos de água doce das marés;

(iii)	Pântanos de mangais (salinos).

No mesmo artigo, os autores referiram que os campos petrolíferos, os oleodutos e os números de derrames de petróleo são mais elevados nas zonas de água doce do que na zona de estudo dos mangais no Delta do Níger. Afirmaram ainda que os eventos de poluição nos pântanos de água doce são susceptíveis de ter efeitos graves mas localizados, exceto onde e quando os cursos de água e os níveis de água são de molde a espalhar o poluente.

2.10 Metais pesados

Os metais ocorrem naturalmente na crosta terrestre e o seu conteúdo no ambiente pode variar entre diferentes regiões, resultando em variações espaciais das concentrações de fundo. A distribuição dos metais no ambiente é regida pelas propriedades do metal e pela influência de factores ambientais (Khlifi e Hamza-Chaffai, 2010). Dos 92 elementos que ocorrem naturalmente, cerca de 30 metais e metaloides são potencialmente tóxicos para os seres humanos: Be, B, Li, Al, Ti, V, Cr, Mn, Co, Ni, Cu, As, Se, Sr, Mo, Pd, Ag, Cd, Sn, Sb, Te, Cs, Ba, W, Pt, Au, Hg, Pb e Bi. Metais pesados é o termo genérico para elementos metálicos com um peso atómico superior a 40,04 (a massa atómica do Ca) (Ming-Ho, 2005). Os metais pesados entram no ambiente por meios naturais e antropogénicos. Essas fontes incluem: meteorização natural da crosta terrestre, extração mineira, erosão do solo, descargas industriais, escoamento urbano, efluentes de esgotos, agentes de controlo de pragas ou doenças aplicados às plantas, precipitação da poluição atmosférica e uma série de outras (Ming-Ho, 2005). Embora alguns indivíduos sejam expostos a estes contaminantes principalmente no local de trabalho, para a maioria das pessoas a principal via de exposição a estes elementos tóxicos é através da dieta (alimentos e água).

A cadeia de contaminação dos metais pesados segue quase sempre uma ordem cíclica: indústria, atmosfera, solo, água, alimentos e homem. Embora a toxicidade e a consequente ameaça para a saúde humana de qualquer contaminante sejam, obviamente, uma função da concentração, é sabido que a exposição crónica a metais pesados e metalóides a níveis relativamente baixos pode causar efeitos adversos (Agency for Toxic Substance and Disease Registry [ATSDR], 2003a, 2003b, 2007, 2008; Castro-Gonzalez e Mendez-Armenta, 2008). Por conseguinte, tem havido uma preocupação crescente, principalmente no mundo desenvolvido, com a exposição, a ingestão e a absorção de metais pesados pelos seres humanos. As populações exigem cada vez mais um ambiente mais limpo em geral e reduções nas quantidades de contaminantes que chegam às pessoas em resultado do aumento das actividades humanas. Uma implicação prática desta tendência nos países desenvolvidos tem sido a imposição de regulamentos novos e mais restritivos (Comissão Europeia, 2006; Figueroa,

2008).

Para um controlo e uma gestão eficazes da poluição da água, é necessário compreender claramente as entradas (cargas), a distribuição e o destino dos contaminantes, incluindo os metais vestigiais provenientes de fontes terrestres, nos ecossistemas aquáticos. Em particular, as quantidades e qualidades devem ser consideradas juntamente com as vias de distribuição, o destino e os efeitos no biota. A necessidade de avaliar o nível de contaminação por metais pesados no ambiente africano levou ao início de vários programas de monitorização da poluição e de trabalhos de investigação em várias universidades e instituições científicas da região. Os programas mais relevantes são o Programa de Monitorização da Poluição Mediterrânica (MEDPOL), que abrange também o Norte de África, o Programa de Investigação e Poluição Marinha da África Ocidental e Central (WACAF2) e o Programa de Investigação e Poluição Marinha da África Oriental (EAF/6).

2.11 Metais como componentes do petróleo

Uma outra forma de poluição por metais pesados, particularmente na região do Delta do Níger, na Nigéria, provém da indústria petrolífera. O petróleo bruto contém concentrações muito variáveis de metais vestigiais tais como V, Ni, Fe, Al, Na, Ca, Cu e U (Nwadinigwe e Nwaorgu, 1999). Metais como o cádmio, o bário, o chumbo, o cobre, o vanádio, o ferro e o mercúrio são normalmente encontrados nos resíduos gerados pelas operações de produção na indústria petrolífera (Department of Petroleum Resources, 1991). A contaminação por metais pesados tornou-se um problema ambiental grave, especialmente em locais com muitas fontes de poluição industrial e doméstica, tendo sido expressas preocupações sobre a contaminação por metais pesados nestas áreas e os impactos subsequentes no ambiente e na saúde humana (Okafor e Opuene, 2007). Por conseguinte, os sedimentos de cursos de água e de lagos podem servir de sumidouros de metais e de oligoelementos (Yang, Kostaschuk e Chen, 2004). A Nigéria tem a sua quota-parte de poluição por petróleo bruto. Este problema ocorre quase exclusivamente na zona do Delta do Níger, na parte sul do país. A vaga de derrames de petróleo bruto nesta região tem aumentado geometricamente com o tempo (Ogoni,

2010). Por exemplo, foi registada uma média de 122 derrames por ano entre 1970 e 1982 e uma média de 1080 derrames por ano entre 2000 e 2004. Quase todo o crude nigeriano é produzido nesta região, que conta com mais de 210 campos petrolíferos, 160 estações de escoamento e é atravessada por mais de 12 000 km de antigas linhas de escoamento (John e Orish, 2009).

O petróleo bruto é uma mistura complexa de dezenas de milhares de hidrocarbonetos e uma quantidade significativa de não hidrocarbonetos. Um bom conhecimento do conteúdo destes hidrocarbonetos e não hidrocarbonetos e do seu comportamento quando descarregados em terra é muito útil para a descontaminação e a gestão eficaz do ambiente afetado (Osuji e Achugasim, 2007). Um grupo importante do teor de hidrocarbonetos do petróleo bruto é o Benzeno Tolueno Etilbenzeno e Xileno (BTEX), vagamente designados hidrocarbonetos aromáticos na indústria petrolífera para os diferenciar dos hidrocarbonetos aromáticos policíclicos (PAH), uma vez que cada um se comporta de forma diferente em qualquer matriz ambiental. Os BTEX formam um grupo de hidrocarbonetos aromáticos que se comportam de forma semelhante no solo. Verificou-se que se degradam facilmente pelos micróbios, em comparação com os HAP (Wang, Fingas e Sergy, 1994). Os metais vestigiais constituem uma parte muito importante do componente não hidrocarboneto do petróleo bruto. São descritos como metais que ocorrem em 1OOOmg/kg ou menos na matriz ambiental em estudo. Os metais vestigiais pesados (densidade _ $5g/cm^3$) e leves (densidade _ $5g/cm^3$) encontram-se todos no petróleo bruto. Os que se encontram normalmente disponíveis no petróleo bruto incluem o Cd, Cr, Cu, Fe, Hg, Ni, V, Pb, As, Zn, Co, Mn, Pt, Ag e Au. São introduzidos no petróleo bruto através de muitos processos, como a desintegração de metabolitos organometálicos naturais de plantas, por exemplo, a clorofila. Alguns destes metais vestigiais são perigosos, enquanto outros não o são. Alguns deles são essenciais a baixa concentração, mas tornam-se prejudiciais a altas concentrações (Stanislav, 2004).

2.12   Impacto dos hidrocarbonetos no ambiente

Em termos de impacto nos organismos, a sensibilidade dos organismos aos hidrocarbonetos petrolíferos é muito variável e a previsão dos impactos ambientais de libertações específicas de uma quantidade de hidrocarbonetos petrolíferos requer muita informação específica sobre a natureza do corpo recetor. A maior parte do que se sabe sobre os hidrocarbonetos petrolíferos provém de estudos sobre derrames catastróficos de petróleo. Os efeitos tendem a refletir a quantidade de hidrocarbonetos tóxicos no ambiente e as diferentes susceptibilidades dos organismos, populações e ecossistemas e as doses raramente são diretamente proporcionais à quantidade libertada; é necessário ter em conta o tipo de hidrocarboneto petrolífero libertado e a suscetibilidade dos organismos devido aos processos ambientais que actuam sobre o hidrocarboneto petrolífero libertado. A toxicidade para o organismo dependerá da dose de petróleo disponível para um organismo. Quando o hidrocarboneto de petróleo é libertado no ambiente, os processos alteram a composição química do hidrocarboneto de petróleo, o que altera a toxicidade. A meteorização física pode transformar o hidrocarboneto de petróleo numa forma menos disponível para o organismo (Osuji e Onojake, 2004; Olayide, 2008).

As propriedades químicas e físicas dos componentes dos hidrocarbonetos petrolíferos determinam a taxa de passagem para um organismo. A biodisponibilidade e a persistência de hidrocarbonetos específicos, a capacidade de acumulação e metabolização de um organismo, o destino dos produtos metabolizados, a interfase dos metabolitos do hidrocarboneto com o processo metabólico normal podem alterar as hipóteses de sobrevivência e reprodução de um organismo no ambiente. Os efeitos narcóticos dos hidrocarbonetos na transmissão nervosa são os principais factores biológicos na determinação dos impactos ecológicos de qualquer libertação; outros factores incluem a foto-degradação e a foto-ativação. As aves e os mamíferos são vulneráveis aos derrames de hidrocarbonetos quando os seus habitats ficam contaminados, o que pode reduzir as taxas de reprodução, a sobrevivência e o comprometimento fisiológico (Dara e Mishra, 2010). Na água, a película de óleo que flutua na superfície da água impede o arejamento natural e conduz à morte da vida marinha ou de água doce e, em terra, conduz a um atraso no crescimento da vegetação, causando infertilidade do solo durante um longo período de tempo (Ukoli, 2005). Ukoli (2005), neste estudo, fez um resumo de alguns poluentes significativos da indústria petrolífera libertados para o ambiente, como se segue:

(i)   As actividades de exploração e produção incluem: Lamas de perfuração, detritos, óleos e gorduras, salinidade, sulfuretos, turvação, sólidos em suspensão, temperatura, pH, metais pesados, carência biológica de oxigénio e carência química de oxigénio.

(ii)   As actividades de refinação de petróleo incluem: óleos e gorduras, CBO, CQO, fenol, cianeto, sulfureto, sólidos em suspensão, aditivos tóxicos, hidrocarbonetos e sólidos totais em suspensão.

Os efeitos podem ser danos directos de um recurso ou a capacidade do ambiente para suportar um recurso; só se diz que um efeito terminou quando se verifica uma recuperação completa. É difícil quantificar os efeitos e a recuperação; os danos numa pequena área que contenha recursos altamente valiosos podem ter maior significado do que os danos numa área muito maior desprovida de recursos valiosos. O DOE dos EUA informou que a zona do Delta do Níger registou 4.000 incidências de derrames de petróleo desde 1960. Este facto resultou na perda de árvores de mangue devido à incapacidade das árvores de mangue para suportar os elevados níveis de toxicidade dos produtos petroquímicos derramados no habitat. Os derrames têm também efeitos adversos no habitat marinho, que ficou contaminado. Isto representa um enorme risco para a saúde humana devido ao consumo de marisco contaminado (Twumasi e Merem, 2006). Os problemas ambientais do Delta do Níger resultam geralmente na degradação dos recursos terrestres, na degradação dos recursos renováveis e na poluição ambiental, na degradação das terras agrícolas, no esgotamento das pescas, na desflorestação, na perda de biodiversidade, na poluição petrolífera, na queima de gás e na degradação dos mangais (Ozioma, 2005; Onwuka, 2005).

2.13   Impacto dos hidrocarbonetos na saúde humana

No que respeita às alterações ambientais ocorridas na região, foram destruídas grandes áreas de mangais, que constituem uma importante fonte de madeira para as populações indígenas. Quando ocorrem derrames de petróleo, o óleo espalha-se por uma vasta área, afectando os recursos terrestres e marinhos. Alguns derrames anteriores obrigaram à deslocação completa de algumas comunidades, à perda de casas ancestrais, à poluição da água doce, à perda de florestas e de terrenos agrícolas, à destruição de zonas de pesca e à redução da população piscícola, que constitui a principal fonte de rendimento da população do Delta do Níger. Tudo isto constitui perdas maciças e não quantificáveis para os agricultores, pescadores e caçadores. A poluição expõe também as pessoas a novos riscos de doenças (Ukoli, 2005).

2.13.1 Efeitos agudos ou a curto prazo na saúde

Os efeitos na saúde humana dependerão principalmente da duração e da via de exposição, da quantidade ou concentração de HAP a que se está exposto e, naturalmente, da toxicidade inata dos HAP. Uma variedade de outros factores pode também afetar os impactos na saúde, incluindo factores subjectivos como o estado de saúde pré-existente e a idade. A capacidade dos HAP para induzir efeitos a curto prazo na saúde dos seres humanos não é clara. As exposições profissionais a níveis elevados de misturas poluentes contendo HAP resultaram em sintomas como irritação ocular, náuseas, vómitos, diarreia e confusão. No entanto, não se sabe quais os componentes da mistura responsáveis por estes efeitos e outros compostos normalmente encontrados com HAPs podem ser a causa destes sintomas. Sabe-se também que as misturas de PAHs causam irritação e inflamação da pele. O antraceno, o benzo(a)pireno e o naftaleno são irritantes directos da pele, enquanto o antraceno e o benzo(a)pireno são considerados sensibilizadores da pele, ou seja, provocam uma resposta alérgica da pele em animais e seres humanos (Khitoliya, 2004).

2.13.2 Efeitos crónicos ou a longo prazo na saúde

Os efeitos para a saúde decorrentes da exposição crónica ou prolongada aos HAP podem incluir uma diminuição da função imunitária, cataratas, lesões renais e hepáticas (por exemplo, iterícia), problemas respiratórios, sintomas semelhantes aos da asma e anomalias da função pulmonar, e o contacto repetido com a pele pode induzir vermelhidão e inflamação da pele. O naftaleno, um PAH específico, pode provocar a degradação dos glóbulos vermelhos se for inalado ou ingerido em grandes quantidades. Em caso de exposição aos HAP, os efeitos nocivos que podem ocorrer dependem em grande medida da forma como as pessoas são expostas (Ogedengbe e Akinbile, 2004).

2.13. 3Carcinogenicidade

Embora os HAP não metabolizados possam ter efeitos tóxicos, uma grande preocupação é a capacidade dos metabolitos reactivos, como os epóxidos e os dihidrodióis, de alguns HAP para se ligarem às proteínas celulares e ao ADN. As perturbações bioquímicas e os danos celulares resultantes conduzem a mutações, malformações do desenvolvimento, tumores e cancro. As provas indicam que as misturas de HAP são cancerígenas para os seres humanos. As provas provêm principalmente de estudos profissionais de trabalhadores expostos a misturas que contêm HAP e estes estudos a longo prazo mostraram um risco acrescido de cancros predominantemente da pele e dos pulmões, mas também da bexiga e do aparelho digestivo. No entanto, estes estudos não deixam claro se a exposição aos HAP foi a principal causa, uma vez que os trabalhadores estavam simultaneamente expostos a outros agentes cancerígenos (por exemplo, aminas aromáticas).

Os animais expostos a níveis de alguns PAH durante longos períodos em estudos laboratoriais desenvolveram cancro do pulmão por inalação, cancro do estômago por ingestão de PAH nos alimentos e cancro da pele por contacto com a pele. O benzo(a)pireno é o PAH mais comum a causar cancro em animais e este composto é notável por ter sido o primeiro carcinogéneo químico a ser descoberto. Com base nas provas disponíveis, tanto a Agência Internacional de Investigação sobre o Cancro (IARC, 1987) como a USEPA (2002) classificaram uma série de HAP como cancerígenos para os animais e algumas misturas ricas em HAP como cancerígenas para os seres humanos. A EPA classificou sete compostos de HAP como prováveis carcinogéneos para o homem: benz(a)antraceno, benzo(a)pireno, benzo(b)fluoranteno, benzo(k)fluoranteno, criseno, dibenz(ah)antraceno e indeno(1,2,3-cd)pireno.

2.13. 4Teratogenicidade

Os efeitos embriotóxicos dos PAH foram descritos em animais experimentais expostos a PAH como o benzo(a)antraceno, o benzo(a)pireno e o naftaleno. Estudos laboratoriais efectuados em ratos demonstraram que a ingestão de níveis elevados de benzo(a)pireno durante a gravidez resultou em defeitos congénitos e na diminuição do peso corporal da descendência. Não se sabe se estes efeitos podem ocorrer nos seres humanos. No entanto, o Center for Children's Environmental Health relata estudos que demonstram que a exposição à poluição por PAH durante a gravidez está relacionada com resultados adversos à nascença, incluindo baixo peso à nascença, parto prematuro e malformações cardíacas. A elevada exposição pré-natal aos HAP está também associada a um QI inferior aos três anos de idade, a um aumento dos problemas de comportamento aos seis e oito anos de idade e à asma infantil. O sangue do cordão umbilical de bebés expostos apresenta danos no ADN que têm sido associados ao cancro (Ejelonu, Adeleke, Ololade e Adegbuyi, 2011).

2.13. 5Genotoxicidade

Os efeitos genotóxicos de alguns HAP foram demonstrados tanto em roedores como em testes in vitro utilizando linhas celulares de mamíferos (incluindo humanos). A maior parte dos HAP não são genotóxicos por si só e necessitam de ser metabolizados em diol epóxidos que reagem com o ADN, induzindo assim danos genotóxicos. A genotoxicidade desempenha um papel importante no processo de carcinogenicidade e talvez também em algumas formas de toxicidade para o desenvolvimento (Egborge, 1995).

2.13.6 Imunotoxicidade

Foi também referido que os HAP suprimem a reação imunitária em roedores. Os mecanismos exactos da imunotoxicidade induzida pelos HAP ainda não são claros; no entanto, parece que a imunossupressão pode estar envolvida nos mecanismos pelos quais os HAP induzem o cancro (Egborge, 1994).

2.14 Metais pesados na água e seus efeitos na saúde

O chumbo (Pb), o cádmio (Cd), o mercúrio (Hg) e o arsénio (As) estão amplamente dispersos no ambiente. Estes elementos não têm efeitos benéficos nos seres humanos e não se conhece nenhum mecanismo de homeostasia para eles (Draghici *et al.*, 2010; Vieira *et al.*, 2011). São geralmente considerados os mais tóxicos para os seres humanos e animais; os efeitos adversos para a saúde humana associados à exposição a estes elementos, mesmo em baixas concentrações, são diversos e incluem, mas não se limitam a acções neurotóxicas e carcinogénicas (ATSDR, 2003a, 2003b, 2007, 2008; Castro-Gonzalez e Mendez-Armenta, 2008; Jomova e Valko, 2011; Tokar *et al.,* 2011).

2.14.1 Chumbo

O chumbo pode provir da corrosão da canalização e dos canos que entram em sua casa. Também pode entrar no abastecimento de água através da erosão de depósitos naturais. A exposição ao chumbo tem sido associada a atrasos no desenvolvimento físico ou mental das crianças. Nos adultos, a exposição ao chumbo pode potencialmente causar problemas renais e hipertensão arterial quando exposto a níveis acima do nível máximo de contaminação da EPA durante longos períodos de tempo. As crianças, os bebés e as mulheres grávidas são ainda mais susceptíveis aos danos causados pela ingestão de chumbo. O chumbo continua a ter uma série de utilizações importantes nos dias de hoje, desde chapas para telhados a ecrãs para raios X e emissões radioactivas. Como muitos outros contaminantes, o chumbo é omnipresente e pode ser encontrado sob a forma de chumbo metálico, iões inorgânicos e sais (Harrison, 2001). O chumbo não tem qualquer função essencial no homem. Os alimentos são uma das principais fontes de exposição ao chumbo; as outras são o ar (principalmente poeiras de chumbo provenientes da gasolina) e a água potável. Os alimentos vegetais podem ser contaminados com chumbo através da sua absorção do ar ambiente e do solo; os animais podem então ingerir a vegetação contaminada com chumbo. Nos seres humanos, a ingestão de chumbo pode resultar da ingestão de vegetação ou alimentos para animais contaminados com chumbo. Outra fonte de ingestão é a utilização de recipientes que contêm chumbo ou de esmaltes de cerâmica à base de chumbo (Ming-Ho, 2005). Nos seres humanos, cerca de 20 a 50% do chumbo inorgânico inalado e 5 a 15% do chumbo ingerido são absorvidos. Em contrapartida, cerca de 80% do chumbo orgânico inalado é absorvido, e o Pb orgânico ingerido é prontamente absorvido. Uma vez na corrente sanguínea, o chumbo distribui-se principalmente pelo sangue, tecidos moles e tecidos mineralizados (Ming-Ho, 2005). Os ossos e os dentes dos adultos contêm mais de 95% da carga corporal total de chumbo. As crianças são particularmente sensíveis a este metal devido à sua taxa de crescimento e metabolismo mais rápidos, com efeitos críticos no desenvolvimento do sistema nervoso (ATSDR, 2007; Castro-Gonzalez e Mendez-Armenta, 2008). O Comité Misto FAO/Organização Mundial de Saúde de Peritos em Aditivos Alimentares (JECFA) estabeleceu uma dose semanal admissível provisória (PTWI) para o chumbo de 0,025 mg/kg de peso corporal (bw) (JECFA, 2004). A diretriz provisória da OMS de 0,01 mg/L foi adoptada como norma para a água potável (OMS, 2004a).

Ao contrário de muitos outros contaminantes, o chumbo não pode ser eliminado da água através da fervura. A água fervida aumenta de facto a concentração de chumbo ao evaporar a água e deixar o chumbo para trás. É por isso que é tão importante tomar as medidas preventivas necessárias, como filtrar a água utilizada para fazer leite em pó para bebés, para limitar a exposição de bebés e crianças ao chumbo (Bhatia, 2011).

2.14.2 Mercúrio

O mercúrio é um metal líquido que entra na água a partir de fontes que incluem depósitos naturais, descargas de refinarias e fábricas e escoamento de aterros sanitários. A exposição a níveis elevados de mercúrio metálico, inorgânico ou orgânico pode danificar permanentemente o cérebro, os rins e o feto em desenvolvimento quando exposto a níveis superiores ao nível máximo de contaminante da EPA durante longos períodos de tempo (ATSDR, 2003b). A toxicidade do mercúrio depende da sua forma química (iónica < metálica < orgânica) (Clarkson, 2006). Até 90% da maioria dos compostos orgânicos de mercúrio são absorvidos através dos alimentos (Reilly, 2007). O mercúrio pode ser detectado na maioria dos alimentos e bebidas, em níveis de < 1-50 µg/kg (Reilly, 2007). Níveis mais elevados são frequentemente encontrados em alimentos de origem marinha. Os compostos orgânicos de mercúrio atravessam facilmente as membranas biológicas e são lipofílicos. Por conseguinte, as concentrações elevadas de mercúrio encontram-se principalmente no fígado de espécies magras e em espécies de peixes gordos. O metilmercúrio tem tendência para se acumular com a idade dos peixes e com o aumento do nível trófico. Este facto leva a concentrações mais elevadas de mercúrio em espécies predadoras gordas mais velhas, como o atum, o alabote, o cantarilho, o tubarão e o espadarte

(Oehlenschlager, 2002).

Em 2003, o JECFA reviu a sua avaliação do risco do metilmercúrio no peixe e adoptou uma DPP inferior de 1,6 g/kg de peso corporal/semana para substituir a anterior DPP de 3,3 g/kg de peso corporal/semana de mercúrio total para a população em geral (Castro-Gonzalez e Mendez-Armenta, 2008; JECFA, 2004). Esta avaliação dos riscos baseou-se em dois grandes estudos epidemiológicos que investigaram a relação entre a exposição materna ao mercúrio através do elevado consumo de peixe e marisco contaminados e o comprometimento do desenvolvimento neurológico dos seus filhos (Castro-Gonzalez e Mendez-Armenta, 2008; Grandjean *et al.,* 1997; Murata *et al.,* 2007). Devido aos efeitos extremos para a saúde associados à exposição ao mercúrio, as normas actuais para a água potável foram estabelecidas pela EPA e pela OMS em níveis muito baixos de 0,002 mg/L e 0,001 mg/L, respetivamente (OMS, 2004a).

2.14.3 Cádmio

A utilização do cádmio pelo homem é relativamente recente e só com o aumento da sua utilização tecnológica nas últimas décadas é que se começou a considerar seriamente o cádmio como um possível contaminante. O cádmio está naturalmente presente no ambiente: no ar, nos solos, nos sedimentos e mesmo na água do mar não poluída. O cádmio é emitido para a atmosfera por minas, fundições de metais e indústrias que utilizam compostos de cádmio em ligas, baterias, pigmentos e plásticos, embora muitos países disponham de controlos rigorosos dessas emissões (Harrison, 2001). O fumo do tabaco é uma das maiores fontes individuais de exposição ao cádmio nos seres humanos (Ogoni, 2010). O tabaco, em todas as suas formas, contém quantidades apreciáveis do metal. Como a absorção de cádmio pelos pulmões é muito maior do que pelo trato gastrointestinal, o tabagismo contribui significativamente para a carga corporal total (Figueroa, 2008; Ming-Ho, 2005). Em geral, para os não fumadores e os trabalhadores não expostos profissionalmente, os produtos alimentares são responsáveis pela maior parte da carga de exposição humana ao cádmio (ExtoxNet, 2003). Nos alimentos, apenas estão presentes sais inorgânicos de cádmio. Os compostos orgânicos de cádmio são muito instáveis. Em contraste com os iões de chumbo e mercúrio, os iões de cádmio são facilmente absorvidos pelas plantas. Distribuem-se igualmente pela planta. O cádmio é absorvido através das raízes das plantas até às folhas, frutos e sementes comestíveis. Durante o crescimento de cereais como o trigo e o arroz, o cádmio retirado do solo concentra-se no núcleo do grão. O cádmio também se acumula no leite e nos tecidos gordos dos animais (Figueroa, 2008). Por conseguinte, as pessoas estão expostas ao cádmio quando consomem alimentos de origem vegetal e animal. O marisco, como os moluscos e os crustáceos, também pode ser uma fonte de cádmio (Castro-Gonzalez e Mendez-Armenta, 2008; OMS 2004b; OMS 2006). O cádmio acumula-se no corpo humano, afectando negativamente vários órgãos: fígado, rim, pulmão, ossos, placenta, cérebro e sistema nervoso central (Castro-Gonzalez e Mendez-Armenta, 2008). Outros danos que têm sido observados incluem toxicidade reprodutiva e de desenvolvimento, efeitos hepáticos, hematológicos e imunológicos (Apostoli e Catalani, 2011; ATSDR, 2008). O Comité Conjunto FAO/OMS recomendou que a DPP fosse de 0,007 mg/kg de peso corporal para o cádmio (JECFA, 2004). O nível máximo de contaminante da EPA para o cádmio na água potável é de 0,005 mg/L, enquanto a OMS adoptou a diretriz provisória de 0,003 mg/L (OMS, 2004a).

2.14.4 Arsénio

O arsénio é um metaloide. Raramente se encontra como elemento livre no ambiente natural, mas mais frequentemente como componente de minérios contendo enxofre, nos quais ocorre como arsenietos metálicos. O arsénio está amplamente distribuído nas águas naturais e está frequentemente associado a fontes geológicas, mas em alguns locais as entradas antropogénicas, como a utilização de insecticidas arsenicais e a combustão de combustíveis fósseis, podem ser fontes adicionais extremamente importantes. O arsénio ocorre em águas naturais nos estados de oxidação III e V, sob a forma de ácido arsenoso ($H3ASO3$) e seus sais, e ácido arsénico ($H_3 AsO_5$) e seus sais, respetivamente (Sawyer *el al.*, 2003). Os efeitos tóxicos do arsénio dependem especialmente do estado de oxidação e das espécies químicas, entre outros. O arsénio inorgânico é considerado carcinogénico e está relacionado principalmente com doenças pulmonares, renais, da bexiga e da pele

(ATSDR, 2003a). A toxicidade do arsénio na sua forma inorgânica é conhecida há décadas sob as seguintes formas: toxicidade aguda, toxicidade subcrónica, toxicidade genética, toxicidade para o desenvolvimento e a reprodução (Chakraborti *et al.*, 2004), imunotoxicidade (Sakurai *et al.*, 2004), toxicidade bioquímica e celular e toxicidade crónica (Mudhoo *et al.*, 2011; Schwarzenegger *et al.*, 2004). A água potável é uma das principais vias de exposição ao arsénio inorgânico (Mudhoo *et al.*, 2011; National Research Council, 2001). A ingestão de águas subterrâneas com concentrações elevadas de arsénio e os efeitos associados para a saúde humana são predominantes em várias regiões do mundo. A toxicidade do arsénio e a arsenicose crónica são de uma magnitude alarmante, particularmente no Sul da Ásia, e constituem uma catástrofe ambiental grave (Bhattacharya *et al.*, 2007; Chakraborti *et al.*, 2004; Kapaj *et al.*, 2006). Verificou-se que a ingestão crónica de arsénio da água potável causa efeitos cancerígenos e não cancerígenos na saúde humana (ATSDR, 2003a; Mudhoo *et al.*, 2011; USEPA 2008, 2010a, 2010b).

A crescente sensibilização para os problemas de saúde relacionados com o arsénio levou a que se repensasse a concentração aceitável na água potável (Sawyer *et al.*, 2003). Após uma análise exaustiva e a fim de maximizar a redução dos riscos para a saúde, a USEPA decidiu, em 2001, reduzir o limite máximo de contaminante da água potável (MCL) para 0,010 mg/L, que é agora o mesmo que as directrizes da OMS (USEPA, 2005a). Os efeitos adversos do arsénio nas águas subterrâneas utilizadas para irrigação nas culturas e nos ecossistemas aquáticos são também motivo de grande preocupação. O destino do arsénio nos solos agrícolas é menos caracterizado do que nas águas subterrâneas. No entanto, a acumulação de arsénio nos solos dos arrozais e a sua introdução na cadeia alimentar através da absorção pela planta do arroz é motivo de grande preocupação, principalmente nos países asiáticos (Bhattacharya *et al.*, 2007; Duxbury *et al.*, 2003). Nos alimentos, a principal fonte de arsénio é principalmente o peixe e o marisco. O arsénio orgânico presente nos alimentos e no marisco parece ser muito menos tóxico do que as formas inorgânicas (Uneyama *et al.*, 2007). A presença de arsénio no peixe foi detectada em várias espécies, tais como: sardinha, chub mackerel, carapau (Vieira *et al.*, 2011), peixe azul, carpa, atum mullet e salmão (Castro-Gonzalez e Mendez-

Armenta, 2008). Os resultados mostram que a concentração de arsénio é baixa na maioria dos peixes, sendo sempre a sua concentração mais elevada no músculo (Vieira *et al.*, 2011). O JECFA estabeleceu um PTWI para o arsénio inorgânico de 0,015 mg/kg de peso corporal (FAO/OMS, 2005, JECFA 2004). A ingestão de arsénio orgânico de cerca de 0,05 mg/kg de peso corporal/dia não parece estar associada a efeitos perigosos (Uneyama *et al.*, 2007).

2.14.5 Alumínio

O alumínio é um dos elementos mais abundantes na crosta terrestre, não sendo originalmente considerado como um perigo significativo para a saúde em amostras de água potável, mas com a sua ligação à doença de Alzheimer, estão a ser procurados mais estudos sobre os efeitos urológicos e epidemiológicos (EPA, 2001). Um teor elevado de alumínio na água pode, portanto, ser uma indicação de poluição da água. Nwankwo e Ogagarue (2011) descobriram que os teores de alumínio em amostras de água de superfície das regiões de Warri onde houve queima de gás eram ligeiramente mais elevados do que os das regiões de Abraka onde não houve queima de gás.

2.14.6 Cálcio

O cálcio é uma das principais causas da dureza da água e também um importante mirco-nutriente no ambiente aquático, necessário para sustentar a subsistência de moluscos e vertebrados. As baixas concentrações de carbonato de cálcio evitam a corrosão metálica das tubagens, enquanto as altas concentrações causam incrustações prejudiciais nas tubagens (Bhatia, 2009). Níveis elevados de cálcio na água são benéficos para a formação de ossos e dentes fortes e a ingestão diária máxima na dieta é de cerca de 1-2g por dia (EPA, 2001).

2.14. 7Crómio

Verificou-se que os compostos de crómio causam dermatite eczematosa, cancro dos pulmões, dos seios nasais e paranasais, bem como suspeita de cancro do estômago e da laringe (ATSDR, 2000). O Cr^{+6} é muito tóxico e carcinogénico para os seres humanos.

2.14. 8Cobre

Até 2 mg do elemento cobre são permitidos em suplementos multivitamínicos como agente antiestresse e de melhoria do desempenho, enquanto cerca de 1,0 mg/1 de cobre é permitido como nível admissível no abastecimento público de água (Akan, 2006). Mas, em excesso, o cobre é altamente tóxico para as algas, plantas marinhas e invertebrados e moderadamente tóxico para os mamíferos (Bhatia, 2009).

Whittle *et al* (1982) efectuaram uma investigação no rio Chumet onde o teor de cobre do rio foi aumentado para cerca de 1,0 ppm e acima. Descobriu-se que os organismos não móveis, como as algas, eram gravemente afectados, enquanto os organismos móveis, como as lixivias e as toupeiras, desapareciam ao ponto de não se encontrar nenhum num raio de 11 km em que o teor de cobre estivesse dentro de 0,6 ppm. Bhatia (2011) referiu que a ingestão elevada e contínua de cobre pelo homem em concentrações de 250 mg/dia pode causar danos no fígado, no cérebro, no sistema nervoso, vómitos e, por vezes, diarreia.

2.14. 9Ferro

O ferro existe em dois estados bioquimicamente importantes - ferroso (Fe^{2+}) e férrico (Fe^{3+}) - dependendo das condições de pH e da concentração de oxigénio dissolvido. As poeiras de ferro podem ser encontradas no ar, de onde mais tarde chegam às fontes de água superficiais e subterrâneas (Hammer, 1997). Até 40 mg de ferro elementar são utilizados em fórmulas multivitamínicas para aumentar a formação de hemoglobina. A principal preocupação com a elevada concentração de ferro na água é mais estética do que fisiológica (Schueller, 2006).

No corpo humano, o ferro em quantidades muito elevadas pode causar envenenamento por ferro (Rao, 2010). O ferro (II) no estômago é normalmente convertido em ferro (III), o que provoca a eventual geração de radicais livres que interagem com as delicadas paredes do estômago, causando náuseas, vómitos, obstipação, diarreia e úlceras (Alimentary Pharmacology and Therapeutics, 2000). Começou ainda por referir que as poeiras de ferro podem causar conjuntivite, cloridite, rentites e siderose dos tecidos de retenção. Akan (2006) relatou o aparecimento de manchas nos pulmões de pessoas expostas a fumos de ferro ou de óxido de ferro na indústria mineira ou na indústria de soldadura, enquanto Rao (2010) relatou que a exposição continuada ao ferro com concentrações de cerca de 30mg/m^3 de ar provoca bronquite crónica.

2.14.10 Magnésio

As fontes de magnésio nas águas naturais são principalmente as rochas subjacentes. Concentrações elevadas de magnésio revelam-se diuréticas e laxantes, o que limita a utilidade da água para fins comerciais. Tem também um sabor desagradável nas massas de água e contribui significativamente para a dureza da água (EPA, 2001).

2.14.11 Potássio

O potássio tem origem principalmente em formações geológicas em amostras de água natural e é muito importante porque desempenha um papel vital no metabolismo do corpo (Bhatia, 2009). É uma parte importante da maioria dos fertilizantes inorgânicos e tende a fixar-se nos solos, pelo que não tem efeitos tóxicos, embora a sua quantidade seja normalmente determinada para determinar o equilíbrio iónico para verificação da análise (EPA, 2001).

2.14. 12Sódio

O sódio é um dos principais constituintes das amostras de água natural e é uma das principais preocupações quando se consideram amostras de água para utilizações agrícolas. Provoca hipertensão quando ingerido em quantidades muito elevadas (EPA, 2001).

2.14. 13Zinco

O zinco tem níveis de toxicidade muito baixos. O sulfato de zinco a 0,50 mg é utilizado em suplementos multivitamínicos como parte de algumas enzimas para ajudar ao funcionamento normal do corpo. Mas, em níveis mais elevados, pode causar várias doenças nos seres humanos. Khlifi e Hamza-Chaffai (2010) afirmaram que o carbonato de zinco (ZnCOa) é utilizado em medicina para tratar infecções cutâneas, o cloreto de zinco (ZnCb) como antissético, conservante de madeira e fundente; o óxido de zinco (ZnO) como pigmento no fabrico de vidro e em cosméticos; o fosforeto de zinco (Zn2?2) como veneno para ratos, enquanto o sulfato de zinco (ZnSCL. 7H2O) é utilizado no fabrico de papel, em medicina, em zincagem e como mordente.

Isto mostra que os seres humanos têm níveis elevados de exposição ao zinco. Akan (2006) relatou casos fatais resultantes de danos pulmonares causados pela inalação de altas concentrações de fumos de cloreto de zinco ($ZnCl_2$), enquanto Rao (2010) relatou que alguns causam danos às membranas mucosas da nasofaringe e do trato respiratório quando ingeridos, uma vez que podem causar distúrbios digestivos e obstipação.

2.15 Parâmetros físico-químicos

2.15.1 Temperatura da água

A temperatura é a variável física mais significativa que afecta a taxa metabólica dos organismos aquáticos e controla a taxa de ciclagem de nutrientes, afectando assim a disponibilidade de alimentos e, consequentemente, a taxa de produtividade (Awake, 2013). Todas as massas de água estão sujeitas a variações diárias e sazonais de temperatura. A variação natural da temperatura depende direta e indiretamente das condições meteorológicas prevalecentes. As alterações directas na temperatura da água resultam de alterações na temperatura do ar ambiente, enquanto as alterações indirectas podem resultar da entrada de água com uma temperatura diferente. A taxa a que uma massa de água resiste às alterações térmicas depende do volume e do rácio superfície/volume. As interacções da temperatura com outras propriedades físicas e químicas da água são também críticas. Por exemplo, a capacidade de transporte de oxigénio da água diminui com o aumento da temperatura. A toxicidade de vários metais também depende da temperatura (Asthana e Asthana, 2012). A temperatura da água libertada pode afetar os habitats a jusante. A temperatura também pode afetar a capacidade da água para reter oxigénio, bem como a capacidade dos organismos para resistir a certos poluentes. A energia térmica também é evitável em alguns países, o que influencia a água subsuperficial (Rao, 2010).

2.15.2 pH

O pH é uma medida do carácter ácido ou básico de uma solução. Na realidade, é o logaritmo negativo da atividade do ião hidroxónio ($H3O^+$) expresso em moles/litro. O pH da água natural situa-se normalmente entre 6-9, desde que outros critérios sejam óptimos. A medição do pH é fundamental na avaliação dos problemas de saúde do biota, uma vez que o efeito do pH se manifesta frequentemente através da probabilidade ou gravidade de outros problemas de qualidade da água. A interação mais importante do pH é a interação com a alcalinidade. As interacções destes dois factores determinam em grande medida o carácter iónico da água. As águas mal tamponadas, ou seja, aquelas com baixa alcalinidade em carbonatos e bicarbonatos, estão mais predispostas a variações de pH e, portanto, a alterações na qualidade da água. A ionização, a solubilidade e as espécies químicas de muitas toxinas aquáticas são controladas pelo pH. Por exemplo, a toxicidade de metais pesados, como o zinco, o cobre e o alumínio, é mais comum em águas ácidas porque são mais solúveis e propensos à especiação (Rao, 2010).

De acordo com Wood e McDonald (1982), as flutuações extremas do pH ambiental alteram o pH do sangue, alterando assim a capacidade fisiológica do biota para controlar o efluxo difusivo de iões e uma capacidade reduzida de influxo de iões através do epitélio branquial. O efeito líquido, tanto em pH alto como baixo, é um declínio importante nas concentrações plasmáticas de iões sódio e cloreto. Como estes iões são fundamentais para o transporte ativo dos produtos excretores, a competência para os eliminar do organismo é inibida. Os efeitos do stress ácido podem implicar uma interferência na fisiologia reprodutiva e, por conseguinte, resultar em fracasso reprodutivo (USGS, 2002).

A poluição pode alterar o pH da água, o que, por sua vez, pode prejudicar os animais e as plantas que nela vivem. Por exemplo, a água que sai de uma mina de carvão abandonada pode ter um pH de 2, o que é muito ácido e afectaria definitivamente qualquer peixe suficientemente louco para tentar viver nela. Utilizando a escala logarítmica, a água de drenagem desta mina seria 10.000 vezes mais ácida do que a água neutra, pelo que não se deve aproximar das minas abandonadas (USGS, 2002).

2.15.3 Total de sólidos dissolvidos/condutividade

O Total de Sólidos Dissolvidos é uma medida composta da quantidade total de matéria dissolvida na solução. A condutividade, por outro lado, refere-se à capacidade de uma solução aquosa transmitir uma corrente eléctrica. Esta capacidade depende da presença de iões, da sua concentração total, mobilidade e valência e da temperatura de medição. A tolerância das espécies de peixes a variações nos níveis de TDS/Condutividade depende da adaptação fisiológica (Rao, 2010).

A expressão TDS = TS - SS define sucintamente os sólidos totais dissolvidos, em que TS = sólidos totais e SS = sólidos em suspensão (Rao, 2010). A maioria das massas de água naturais contém grandes quantidades de sólidos, embora a proporção varie de uma massa de água para outra. As predisposições à poluição tendem a aumentar de um corpo de água para outro e estas tendem a aumentar as quantidades de partículas que um determinado corpo de água contém e que, por sua vez, afecta a turbidez, o odor, o sabor, a cor e a temperatura (Akan, 2006). Os estudos sobre a presença de sólidos totais dissolvidos nas águas superficiais das áreas de estudo são poucos, enquanto que os estudos sobre fontes de água atmosférica e subterrânea não foram encontrados (Ogoni, 2010). Chakraborti *et al* (2004) opinou que alguns dos sólidos dissolvidos e suspensos são venenosos e podem causar reacções alérgicas quando em níveis excessivos.

2.15.4 Turbidez

A turvação é uma medida da capacidade de dispersão da luz da água e é indicativa da concentração de suspensóides na coluna de água. A turvação tem um efeito significativo na ecologia das massas de água. A redução da penetração da luz causada por níveis intermédios de suspensóides reduz a atividade fotossintética e a produção primária das micrófitas. A redução da produção de fitoplâncton e a inibição do desenvolvimento das macrófitas resultam numa menor disponibilidade de alimentos e numa fraca diversidade de habitats (Asthana e Asthana, 2012).

A temperatura mais elevada reduz a concentração de oxigénio dissolvido (OD), enquanto a redução da penetração da luz reduz a taxa de produtividade primária devido à diminuição da fotossíntese (APHA, 1992). Os materiais em suspensão podem colocar obstáculos físicos às tendências locomotoras dos organismos vivos, principalmente macroscópicos, através da obstrução total e da alteração das suas visibilidades. Os seres humanos que nadam por diversão podem ter a sua visão prejudicada na água ou mesmo ferida por materiais pesados (United State Environmental Protection Agency, 1991). A turvação afecta os locais de reprodução e altera o habitat dos microrganismos bentónicos (USEPA, 1991 e APHA, 1992).

2.15.5 Fosfato

Fosfato é um termo genérico para os iões oxi do fósforo, nomeadamente o ortofosfato (PO_4^3), o hidrogenofosfato (HPO_4^2) e o dihidrogenofosfato ($H_2 PO_4$). Estes três iões estão em equilíbrio entre si e a posição do equilíbrio é regulada pelo pH. O fosfato é um importante nutriente para as plantas, estimulando o crescimento tanto de algas como de macrófitas aquáticas. O enriquecimento da água com fosfatos orgânicos e nitratos resulta num crescimento excessivo de plantas e outros organismos, levando à eutrofização e ao aumento da procura biológica de oxigénio (Asthana e Asthana, 2012).

A utilização de fertilizantes nas culturas agrícolas pode, em parte, influenciar a precipitação de fosfatos nos ambientes aquáticos e terrestres (Nwankwo e Ogagaru, 2011). Em ambientes aquáticos, os fosfatos, mesmo em quantidades muito pequenas, podem favorecer o crescimento vegetativo excessivo de algas em proporções indesejáveis e este crescimento excessivo de algas e plantas aquáticas pode afetar seriamente a navegação em águas de superfície (Uneyama, Toda, Yamamoto e Morikawa, 2007). As fontes de fosfato são os detergentes, os resíduos humanos, as escorrências das explorações agrícolas e pecuárias, bem como o fenómeno das chuvas ácidas (Bhatia, 2009). A presença de fosfato na chuva é uma indicação clara do fenómeno das chuvas ácidas, que tem aumentado muito nos últimos tempos (Santra, 2006). Muitos detergentes também contêm fosfatos. A hiperfosfotamia tem sido associada à chuva ácida (Gervet, 2007). A hiperfosfotamia é uma condição médica que resulta da ingestão pelo homem de grandes quantidades de fosfatos (Santra, 2006).

2.15. 6Nitrato

O nitrato é o produto final de dois processos mediados por bactérias na nitrificação do amoníaco. A nitrificação é a oxidação sequencial do amoníaco em nitrito e do nitrito em nitrato. Os nitratos são omnipresentes nos solos e no ambiente aquático, particularmente em associação com a decomposição de matéria orgânica e condições eutróficas. Os processos de nitrificação, desnitrificação e a absorção ativa de nitratos pelas algas e plantas superiores são regulados pela temperatura e pelo pH. O nitrato é utilizado por várias espécies de bactérias anaeróbias facultativas como um aceitador de electrões terminal exógeno durante a oxidação de compostos orgânicos em condições aeróbias (Asthana e Asthana, 2012).

A contaminação de riachos, rios e lagos por nitratos coloca sérios problemas ambientais, uma vez que estes se reduzem rapidamente a nitritos, que são venenosos em concentrações superiores a 10 mg/l (Akan, 2006) e podem contribuir para a rápida eutrofização de lagos ou outras massas de água.

2.15. 7Oxigénio dissolvido   (DO)

O oxigénio dissolvido (OD) é a medida da quantidade de oxigénio dissolvido na água e é considerado um indicador direto da qualidade da água. A concentração depende das características físicas, químicas e biológicas da massa de água. As temperaturas quentes reduzem a quantidade de oxigénio que uma massa de água pode acumular. A respiração das plantas aquáticas e a presença de compostos orgânicos podem causar uma procura biológica e química de oxigénio, diminuindo a concentração de OD. A turbulência, a fotossíntese e a diminuição da temperatura aumentam a concentração de OD na água (Rao, 2010).

2.15.8 Carência bioquímica de oxigénio (CBO)

A carência bioquímica de oxigénio (CBO_5) tem sido utilizada há muitos anos como medida da presença de materiais orgânicos na água que podem suportar o crescimento de microrganismos. A

CBO5 mede o consumo potencial de oxigénio e é um bom indicador do stress de um ecossistema de ribeiro/rio. O CBO5 mede o oxigénio dissolvido residual de uma amostra após um período de cinco dias de incubação a 20°C. A CBO5 é utilizada para avaliar quantitativamente a carga orgânica numa massa de água. As comparações entre as medições de CBO 5 e de OD indicam tensões no curso de água. Uma CBO 5 elevada e um DO baixo indicam um stress provocado por cargas poluentes, enquanto uma CBO5 baixa e um DO baixo indicam outros factores de stress (Asthana e Asthana, 2012).

A determinação da CBO de uma massa de água é uma forma segura de conhecer o nível de poluição numa determinada massa de água, porque demasiada matéria orgânica causaria uma perda significativa correspondente de oxigénio disponível, uma vez que o oxigénio disponível poderia ser completamente utilizado e, quando isto acontece, os anaeróbios começariam a decompor os resíduos, produzindo assim substâncias químicas com cheiro desagradável e também gerariam um sabor desagradável na água (Chukwu, 2008).

2.15.9 Sulfato

O sulfato ocorre naturalmente nas águas superficiais como resultado da meteorização de rochas ígneas e sedimentares. Os sulfuretos metálicos, produzidos pela meteorização, oxidam para produzir iões sulfato. Outras contribuições de sulfatos para as águas superficiais são os lixiviados de minas abandonadas, a deposição atmosférica resultante da combustão de combustíveis e as águas residuais industriais. O critério para o sulfato nas águas superficiais é de 200 mg/1 (Federal Environmental Protection Agency, 2001). Os sulfatos são também uma indicação do fenómeno de chuva ácida na água da chuva. Os sulfatos constituem uma preocupação ambiental considerável para os ambientalistas em particular e para os organismos vivos em geral (Ogoni, 2010). Isto deve-se aos seus problemas ambientais gémeos - odor e corrosão. O odor irritante produzido pelos sulfatos afecta a população humana que habita esses ambientes, enquanto a corrosão em condições anaeróbias provocada pelos sulfatos pode causar graves prejuízos económicos e estéticos (Ademoroti, 1996).

Contribuem para a destruição da camada de ozono, o aquecimento global e a subida do nível do mar (EPA, 2003). Geram um forte odor irritante e afectam os tecidos respiratórios, agravando assim a asma e outras infecções do trato respiratório superior, como pneumonia, dores no peito, dores de garganta e exacerbação aguda de bronquite crónica (Ogoni, 2010).

2.15.10 Gosto

Trata-se de um parâmetro organolético (Agência de Proteção do Ambiente, 2001). Como o nome indica, tem a ver com o sabor agradável de uma amostra de água. Os problemas de sabor organolético resultam principalmente do crescimento de algas ou da presença de cloro.

2.15.11 Cor

A água limpa é inodora (Bhatia, 2009). Os contaminantes conferem à água uma coloração caraterística que depende da quantidade de partículas e das actividades que se desenvolvem na massa de água (Chakraborti, Sengupta, Rahaman, Ahamed, Chowdhury e Hossain, 2004). Os derrames de petróleo, a entrofização e os sólidos em suspensão afectam a cor da água (Oluwatinmilerin 1982).

2.15.12 Alcalinidade

Trata-se de uma medida da capacidade da água para neutralizar ácidos (Kolo, 2007). Os bicarbonatos e os hidróxidos de carbono presentes nas massas de água naturais ajudam a neutralizar as substâncias ácidas que nelas entram. A medição da alcalinidade é importante para determinar a capacidade de uma massa de água para neutralizar a poluição ácida da chuva ou das águas residuais (Santra, 2006). A USEPA (1991) observou que a alcalinidade pode ser influenciada por rochas, solos, sais, certas actividades vegetais e certas descargas de águas residuais industriais. A alcalinidade está envolvida nos efeitos consequentes da eutrofização de amostras de água em que ocorre um elevado grau de fotossíntese, o que leva a um elevado consumo de óxido de carbono (IV) pelas algas, aumenta o pH e provoca a morte dos peixes (EPA, 2001).

2.15.13 Cloretos

Os cloretos são a principal forma de aniões inorgânicos para a vida aquática (EPA, 2001). Uma concentração elevada indica poluição por esgotos, resíduos industriais e mesmo água salgada, o que pode ter efeitos deletérios nas tubagens metálicas e na sobrevivência das tubagens agrícolas (Bhatia, 2009).

2.15.14 Fluoretos

Os fluoretos são significativos no abastecimento de água. Recomenda-se uma concentração de fluoreto de 1 mg/L para uma saúde óptima. Uma concentração elevada causa fluroses dentárias, enquanto uma concentração baixa causa cáries dentárias (EPA, 2001).

2.15.15 Carência química de oxigénio (CQO)

Segundo Kolo (2007), a carência química de oxigénio (CQO) representa as necessidades de oxigénio de uma parte da matéria orgânica que pode não estar completamente oxidada e dos compostos orgânicos azotados que geralmente não estão oxidados. Ademorati (1996) considera que a CQO se baseia no princípio de que a maior parte dos compostos orgânicos são oxidados a óxido de carbono (iv) e água por agentes oxidantes fortes em condições ácidas, o que constitui uma forte indicação de poluição por matéria orgânica.

2.15.16 Sólidos Suspensos Totais (SST)

Trata-se de uma medida das porções de sólidos que são retidas num filtro de tamanho padrão especificado (geralmente 2.Op) em condições específicas (Bhatia, 2009). A água com elevado teor de sólidos em suspensão não é adequada para fins balneares, industriais e outros.

2.16 Concentração de NO_3^- , PO_4^{3-} , Cl^-

O conhecimento dos nitratos e dos fosfatos é importante para prever o estado nutricional ou o estado trópico da água, uma vez que estes iões são importantes nutrientes para as plantas, que normalmente aparecem como resultado da decomposição e mineralização da matéria orgânica. A presença de grandes quantidades de cloreto é indicativa de contaminação por efluentes domésticos (Rao, 2010).

2.17 Concentrações de Na^+, K^+, Ca^{2+}, Mg^{2+}

Estes fornecem informações úteis sobre a condutividade eléctrica, a dureza, a alcalinidade, a salinidade e ajudam a avaliar a qualidade da água para vários fins (Adebola, 2001).

2.18 Dureza

Os sais presentes no estado dissolvido da água afectam a sua capacidade de formação de espuma com o sabão e, por conseguinte, têm impacto na sua dureza. A dureza é em grande parte devida à presença de sais de cálcio e magnésio e é de dois tipos.

i. **Dureza temporária:** Pode ser removida ou reduzida através do aquecimento da água. É devida à presença de bicarbonatos.

ii. **Dureza permanente:** A dureza da água não pode ser removida ou reduzida através da fervura. É normalmente devida à presença de cloretos e sulfatos.

A soma total dos dois tipos de dureza é denominada dureza total, que representa o conteúdo total de cloretos, sulfatos, bicarbonatos e carbonatos. A água dura tem um sabor indesejável e é de pouca utilidade para fins de lavagem e limpeza, sendo também inútil para caldeiras. Como a dureza da água se deve em grande parte à presença de sais de Ca e Mg, a concentração total de Ca e Mg expressa em peso de CaCCh por litro é uma medida muito conveniente da dureza da amostra de água. Pode ser determinada titulando a amostra de água com uma solução 0.0IM de ácido etilenodiamino tetra-acético a um pH de cerca de 8.6-9.0, utilizando o Eriochrome black-T como indicador. O indicador forma um complexo com iões Ca e Mg - durante a titulação, o EDTA substitui o indicador e forma um complexo EDTA-Ca-Mg. Isto liberta o indicador (Fujiki, 2002).

CAPÍTULO 3

MATERIAIS E MÉTODOS

3.1 Área de estudo

3.1.1 Localização

A zona de Ebocha-Obrikom situa-se entre a latitude 5° 20N - 5° 27N e a longitude 6° 40E - 6° 46E (Figura 3.1). Inclui as cidades de Obrikom, Obor, Obie, Ebocha e Agip New Base, todas na zona de Ogba/Egbema/Ndoni do Estado de Rivers (Figura 3.2). A área de estudo é limitada a norte pelo rio Nkissa, a oeste pelo rio Orashi, a leste pelo rio Sombrero e a sul pela cidade de Omoku.

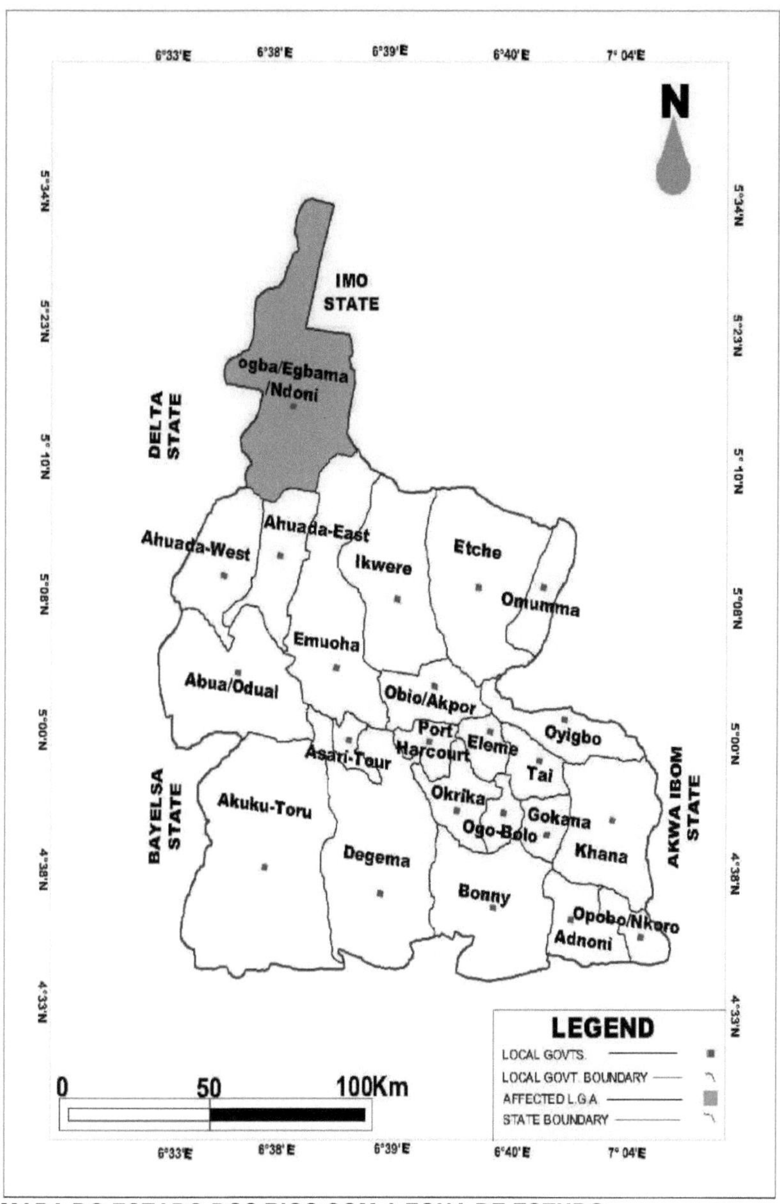

MAPA DO ESTADO DOS RIOS COM A ZONA DE ESTUDO

Figure 3.1: Mapa do Estado do Rio mostrando a área de estudo.

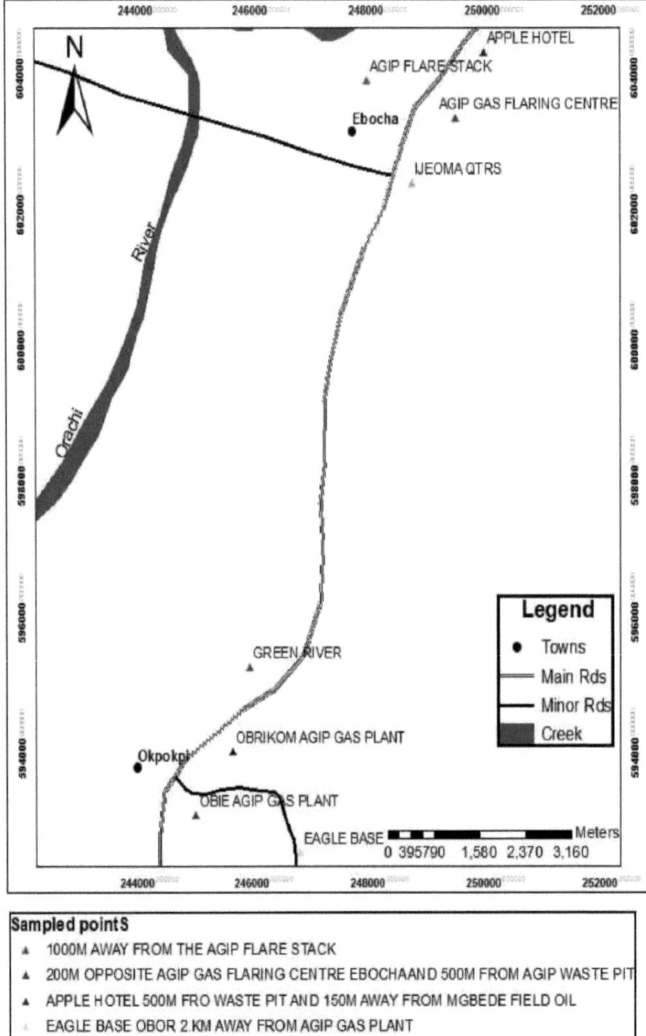

Sampled pointS	
▲	1000M AWAY FROM THE AGIP FLARE STACK
▲	200M OPPOSITE AGIP GAS FLARING CENTRE EBOCHAAND 500M FROM AGIP WASTE PIT
▲	APPLE HOTEL 500M FRO WASTE PIT AND 150M AWAY FROM MGBEDE FIELD OIL
▲	EAGLE BASE OBOR 2.KM AWAY FROM AGIP GAS PLANT
▲	GREEN RIVER PLANT PROPAGATION CENTRE- NAOC 3KM AWAY FROM AGIP PLANT
▲	OPPOSITE IJEOMA QTRS 750M AWAY FROM AGIP GAS FLARING CENTRE
▲	OBOR RD OBIE AGIP GAS PLANT2KM AWAY FROM AGIP GAS PLANT
▲	ABACHA RD OBRIKOM 1.8KM AWAY FROM AGIP GAS PLANT

Figure 3.2:   Mapa dos locais de amostragem.

1.1.2   Clima

O clima da área de estudo é do tipo equatorial. A área regista uma forte precipitação de cerca de 2500 mm/ano. Chove durante cerca de oito meses (março a outubro) durante o ano, e mesmo os meses considerados secos não estão isentos de precipitação ocasional (Davies, Ugwumba e Abolude, 2008).

A temperatura é geralmente elevada e a temperatura média mensal é de cerca de 25°C (Alagoa e Derefaka, 2002).

1.1.3 Vegetação

A vegetação é dominada por pântanos de água doce, as áreas manchadas são caracterizadas por floresta alta estratificada: A vegetação é composta por uma multiplicidade de árvores de folha perene que produzem madeira dura tropical, por exemplo, mogno. Existem palmeiras mais pequenas, plantas trepadeiras como as lianas ou as palmeiras de rotim que podem atingir centenas de metros de comprimento e também epífitas e parasitas que vivem noutras plantas. Debaixo das árvores cresce uma grande variedade de orquídeas, trepadeiras e fémeas (Alagoa e Derefaka, 2002)

A vegetação tradicional da floresta tropical foi substituída, na maioria dos casos, por povoações, explorações agrícolas, pousios e florestas secundárias, construção de estruturas civis, exploração/exploração de petróleo e gás natural. As únicas áreas onde se podem encontrar florestas primárias são as florestas ribeirinhas dominadas por palmeiras de ráfia ao longo do rio Sombreiro, do outro lado do rio Orashi e bosques sagrados que são relíquias da religião tradicional africana (Alagoa e Derefaka, 2002).

1.1.4 Topografia e drenagem

De facto, a área é drenada pelos rios Sombreiro, no flanco oriental, e Orashi, no flanco ocidental, criando uma área inter-basinal quase ininterrupta. A área tem uma topografia quase plana e é coberta por um solo superficial que consiste em argilas siltosas misturadas com areia siltosa. A elevação do terreno é de cerca de 25 metros acima do nível do mar e é notória a ausência de colinas imponentes que se elevem acima da superfície geral do terreno. O rio Orashi é uma caraterística proeminente do sistema de drenagem natural. Este rio, embora seja um sistema fluvial independente, responsável pela drenagem de toda a zona, liga-se ao sistema do Delta do Níger durante a estação das chuvas (fase de cheia). Devido ao relevo mais proeminente desta área, a drenagem é mais eficiente e muito menos rios e riachos drenam a área. Existem depressões nos pântanos que retêm as águas das cheias, formando assim lagos perenes na área. Os rios são propensos a inundações que aumentam o nível de água no lençol freático. Os rios encontrados na área de estudo também estão sujeitos ao fluxo das marés (Alagoa e Derefaka, 2002).

1.1.5 Solo

O solo que ocorre nesta área faz parte do aluvião recente do Delta do Níger e mostra diferenças de idade num melhor desenvolvimento do horizonte Argillic (iluvião de argila). O solo é predominantemente franco-arenoso na parte superior, passando a franco-argilo-arenoso e depois a argiloso nos subsolos. A reação do solo é ácida (pH 4,3-5,0) (Ogoni, 2010). A elevada acidez dos solos deve-se ao elevado teor de alumínio (Al) dos solos (Alagoa, 2005). O teor de matéria orgânica dos solos é baixo e pode ser o resultado do cultivo contínuo da terra. A matéria orgânica diminui ao longo do perfil do solo. O fósforo disponível (P) é moderado, especialmente nos horizontes intermédios. A fertilidade do solo em termos de percentagem de saturação de bases é elevada. Os solos são principalmente Alfisols (Luvisols e Natrosol), Ultisols (Regosols) e Oxisols (orthic Ferralsols). Outros solos identificados são os inceptisols (Gleyic cambisols) e os entisols (Albie Arenosols). Os solos são Ultisols (Eutric-Paleudalfs) (Alagoa e Derefaka, 2002).

3.1.6 Utilização do solo

A zona de Ebocha-Obrikom tem vários padrões de utilização do solo. A única atividade percetível de importância económica no meio ambiente é a exploração e o aproveitamento do petróleo bruto. O padrão de utilização do solo da área é basicamente caracterizado por uma série de actividades agrícolas, que incluem a agricultura, bem como actividades de pesca, que se encontram entre as principais actividades da área. Algumas das culturas cultivadas incluem o taro, o quiabo, a folha amarga, a mandioca, o inhame, etc. A plantação de óleo de palma, a colheita e a transformação também são importantes (Alagoa, 2005).

3.2 Recolha de amostras

As recolhas de amostras foram limitadas às águas superficiais e subterrâneas. As fontes de água superficial e subterrânea foram seleccionadas aleatoriamente nas imediações do depósito, mas a distâncias diferentes umas das outras para efeitos deste estudo. Além disso, as amostras foram recolhidas manualmente em frascos de plástico limpos em cinco locais estratégicos da área de estudo, tanto para as águas superficiais como para as águas subterrâneas (furos e poços).

Estes locais incluem:

i.   Ebocha (Egbema)

ii.   Nova Base (NAOC)

iii.   Obrikom (Estrada Abacha)

iv.   Obor (Base da águia)

v.   Obie (Estrada Obor)

vi.   Egbeda

Todas as amostras foram recolhidas durante o dia, entre as 9 e as 15 horas. Não foram recolhidas amostras nocturnas devido à insegurança. A amostragem foi efectuada entre outubro de 2015 e dezembro de 2015

1.1.1 Amostragem, conservação e análise

A amostragem e análise da água seguiram os procedimentos normalizados descritos na APHA (1998).

1.1.2 Recolha de águas superficiais e subterrâneas

As amostras de águas superficiais e subterrâneas foram recolhidas em recipientes de plástico de 1 litro previamente lavados para as análises dos parâmetros físico-químicos. As amostras de águas superficiais e subterrâneas para análise de metais pesados foram colhidas em recipientes de 1 litro pré-enxaguados com ácido nítrico e tratadas com 2 ml de ácido nítrico (100%, Trace Metal Grade, Fisher Scientific) antes do armazenamento. Isto foi feito para estabilizar os estados de oxidação dos metais.

As amostras de águas superficiais e subterrâneas para determinação da carência biológica de oxigénio (CBO) e do oxigénio dissolvido (OD) foram recolhidas em dois conjuntos de garrafas de 250 ml de reagente com rolha de vidro por local de amostragem. As amostras de CBO foram cuidadosamente enchidas sem prender o ar e as garrafas foram embrulhadas em sacos de polietileno escuros. Este procedimento foi efectuado para excluir a luz, cuja presença é suscetível de produzir DO por autótrofos (algas), que podem estar presentes nas amostras. As amostras para CBO foram incubadas durante cinco dias, ao fim dos quais foram adicionados 2 ml de cada amostra. As soluções de Winkler I e II foram adicionadas a cada amostra com pipetas de gotejamento separadas, de modo a retardar as actividades biológicas posteriores. Os frascos foram agitados cuidadosamente para precipitar o floco, que se depositou na metade inferior dos frascos. Além disso, a solução de Winkler I é uma solução de sulfato de manganês, enquanto a solução II é constituída por iodeto de sódio ou de potássio, hidróxido de sódio ou de potássio, azida de sódio (nitreto de sódio) e hidróxido de sódio. As amostras de oxigénio dissolvido foram recolhidas em frascos transparentes e bem fechados. As amostras de oxigénio dissolvido foram fixadas no local com soluções de Winkler I e II semelhantes às das amostras de CBO (APHA, 1998).

3.3   Tratamento e análise de amostras

3.3.1   Determinação do pH das águas superficiais e subterrâneas (método eletrométrico)

O medidor de pH, inoLab pH/Cond Meter, foi inicialmente calibrado com soluções-tampão padrão de pH 4,0 (tampão de hidrogenoftalato de potássio) e pH 6,86 (mistura de di-hidrogenofosfato de potássio e hidrogenofosfato dissódico). Os eléctrodos foram cuidadosamente lavados com água desionizada antes de serem imersos nas amostras. Foram efectuadas medições em triplicado por amostra, tendo sido calculada e registada a média (APHA, 1998).

3.3.2   Determinação da temperatura das águas superficiais e subterrâneas

As temperaturas das águas superficiais e subterrâneas foram medidas *in situ,* em cada caso, no campo. As temperaturas foram medidas com um termómetro Celsius de mercúrio adequado que variava entre 0-100°C (APHA, 1998).

3.3.3 Determinação dos sólidos totais dissolvidos (TDS) das águas superficiais e subterrâneas

Os sólidos totais dissolvidos (TDS) das águas superficiais e subterrâneas foram obtidos por métodos de filtração e evaporação. Uma amostra filtrada foi levada a evaporar até à secura num prato seco e num banho de água, seguido de secagem numa estufa a 180°C. Este prato foi arrefecido num dessecador com gel de sílica, pesado novamente e registado o aumento de peso. Este valor representa o TDS presente na amostra. Neste estudo, o TDS foi expresso em mg/l (APHA, 1998).

3.3.4 Determinação da condutividade eléctrica das águas superficiais e subterrâneas

Foi utilizado o medidor de condutividade do tipo dip, com uma sonda: inoLab pH/Cond Meter. A sonda do instrumento foi lavada com água desmineralizada, para cada determinação. A sonda é depois imersa na amostra de água superficial e subterrânea contida num copo limpo e o instrumento é ligado para obter um valor de visualização digital estabilizado expresso em $\mu scrn^{-1}$ (APHA, 1998)

3.3.5 Determinação da Alcalinidade Total das Águas Superficiais e Subterrâneas por Titrimetria

A alcalinidade total foi determinada de acordo com o método titulométrico, em que 50 ml de amostras de águas superficiais e subterrâneas foram tituladas com H2SO4 0,01M utilizando o indicador laranja de metilo até à mudança de cor do laranja de metilo (APHA, 1998).

Alcalinidade total, $\quad mg\ CaCO_3/l = \dfrac{A \times M \times 50000}{Vol\ of\ Sample}$

Sendo A = ml de ácido utilizado na titulação da amostra

M = molaridade do ácido padrão

3.3.6 Determinação da Turbidez das Águas Superficiais e Subterrâneas

As leituras de turbidez foram medidas a 860 nm para as amostras de águas superficiais e subterrâneas, utilizando um espetrofotómetro portátil de registo de dados HACH DR/2010 (APHA, 1998).

3.3.7 Determinação do teor de sulfato das águas superficiais e subterrâneas pelo método turbidimétrico

Pipetou-se uma amostra de água superficial e uma amostra de água subterrânea (10 ml) para um balão volumétrico de 25 ml e adicionou-se água destilada até perfazer um volume de aproximadamente 20 ml. Adicionou-se o reagente gelatinoso-$BaCl_2$ (1 ml) e completou-se o volume com água destilada, formando uma turvação de sulfato de bário. O conteúdo é bem misturado e deixado em repouso durante 30 minutos. A densidade ótica (DO) correspondente à absorvância da turvação de sulfato de bário foi medida espectrofotometricamente utilizando um espetrofotómetro portátil de registo de dados HACH DR/2010 a um comprimento de onda de 420 nm. As leituras foram efectuadas a intervalos de 30 segundos durante um período de 4 minutos e a leitura máxima foi registada. Foi preparada uma curva de calibração utilizando sulfato de potássio anidro de qualidade analítica ($K_2 SO_4$) que abrangeu a gama de 0,01-1,6 mg/1 SO_2^{2-}. A partir do gráfico de calibração, foi lido o teor de sulfato equivalente às densidades ópticas observadas (absorvância das soluções de ensaio e de branco) e obtido o teor de sulfato na amostra (Agbozu, 2001).

3.3.8 Determinação da salinidade como cloretos das águas superficiais e subterrâneas pelo método de Mohr

Pipetou-se a amostra (100 ml) para um balão volumétrico de 250 ml e adicionaram-se 2 gotas de indicador dicromato de potássio, agitando-se para misturar. A mistura foi titulada com uma solução 0,014 IN $AgNO_3$ até obter uma coloração castanho-avermelhada, indicando o ponto final.

$$Cl^-, mg/l = \frac{(ml\ AgNO_3 - Blank) \times 0.5 \times 1000}{ml\ sample}$$

O fator 0,5 foi obtido a partir de 0,0141 X 35,45

3.3.9 Determinação da dureza total das águas superficiais e subterrâneas pelo método de cálculo

Os valores analíticos dos catiões divalentes, Ca^{2+} e Mg^{2+}, obtidos por Espectrofotometria de Absorção Atómica utilizando o Espectrofotómetro Buck Scientific Modelo 200A, foram aplicados no cálculo da dureza total:

Dureza total, mg/1 CaCCh = Ca^{2+} (em mg/1) X 50/EW de Ca^{2+} + Mg^{2+} (em mg/1) X 50/EW de Mg^{2+}

O peso equivalente (EW) dos catiões divalêntes, Ca^{2+} e Mg^{2+}, é de 20 e 12,0 respetivamente (Ewa, Adeyemi, Eja e Ajake, 2011).

3.3.10 Determinação do teor de fosfato das águas superficiais e subterrâneas pelo método do cloreto estanoso

Adicionaram-se 25 ml da amostra a 0,5 ml de molibdato de amónio (NH)$_{46}$ MO O$_{724}$ .4H$_2$ O-40,1g/500 ml de H destilado$_2$ O, e 2 gotas de solução de cloreto estanoso (SnCl$_2$ .2H$_2$ O-2,5 g/100 ml de glicerol) e misturou-se por agitação. Desenvolveu-se uma cor azul no espaço de uma hora em condições ácidas. A intensidade da cor foi medida utilizando um espetrómetro (spectronic 21D) a 690 (APHA, 1998). A concentração de fosfato foi determinada da seguinte forma Fosfato, mg/1 = A-B x C Em que A = absorvância da amostra

> B = absorvância da amostra em branco
>
> C = Volume de fosfato padrão

3.3.11 Determinação do teor de nitratos nas águas superficiais e subterrâneas por método colorimétrico

A determinação do nitrato nas amostras de águas superficiais e subterrâneas foi efectuada por colorimetria a um comprimento de onda de 470 nm, utilizando um espetrofotómetro portátil de registo de dados HACK DR/2010. Foram transferidos dez (10) ml de cada amostra para um balão volumétrico de 25 ml. Foram adicionados 2 ml de reagente de brucina (dimetoxistricnina - C H O$_{232642}$ N.2H$_2$ O) e, em seguida, adicionou-se rapidamente H concentrado$_2$ SO$_4$ (10 ml). O conteúdo foi misturado durante cerca de 30 segundos e deixado em repouso durante 30 minutos. O frasco foi arrefecido ao ar durante 15 minutos, completado o volume com água destilada e a absorvância medida a 470 nm. Preparou-se uma solução-padrão de nitratos dissolvendo 0,18 g de KNO$_3$ em 500 ml de água destilada. Foi adicionado clorofórmio (0,5 ml) como conservante. Foram preparadas alíquotas com concentrações de 0,01-2,00 mg/1 NO$_3^-$ a partir da solução de reserva e utilizadas na obtenção de uma curva de calibração. A partir da absorvância registada para cada amostra, comparada com a curva de calibração, obteve-se a concentração de nitrato em cada amostra (Agbozu, 2001).

3.3.12 Determinação do teor de óleos e gorduras nas águas superficiais e subterrâneas pelo método de extração

As amostras de água (350 ml) mais tetracloreto de carbono (35 ml) foram agitadas em funis de separação, resultando na formação de uma fase orgânica distinta e inferior. A fase orgânica inferior foi removida para determinação da absorvância a 410 nm utilizando um espetrofotómetro portátil de registo de dados EACH DR/2010. Uma curva padrão da absorvância de concentrações conhecidas de óleo nos extractantes foi primeiramente obtida após a realização de leituras no espetrofotómetro. O teor de óleos e gorduras foi subsequentemente determinado com referência à curva padrão (APHA, 1998).

3.3.13 Determinação do oxigénio dissolvido (OD) das águas superficiais e subterrâneas pelo método de Winkler modificado

Após a fixação do oxigénio dissolvido e a precipitação do hidróxido misto de Manganês (II), (III), a amostra foi acidificada até um pH de cerca de 1,0-2,5 (um meio que aumenta a propriedade oxidante do ião Manganês (II) - Mn^{2+}). Ao precipitado das soluções I e II de Winkler foi adicionado H2SO4 a 50% (4 ml) e indicador de amido (2 gotas), obtendo-se uma solução de cor azulada. Esta solução (250ml) será então titulada com tiossulfato 0,0125M (Na S O_{223} . $5H_2$ O) até obter uma solução de cor amarela clara e a titulação foi continuada até a solução se tornar incolor, significando o ponto final (APHA, 1998).

DO (mg/1) = Volume de Na 0,0125M S O_{223} .$5H_2$ O utilizado.

3.3.14 Determinação da carência biológica de oxigénio (CBO) das águas superficiais e subterrâneas

As amostras de água foram primeiro incubadas no escuro durante cinco dias. O OD foi determinado pelo método de Winkler. Por outras palavras, foram efectuadas duas determinações de OD, ou seja, uma antes da incubação e outra após a incubação, respetivamente. O CBO será então calculado a partir da diferença entre os dois níveis de OD (APHA, 1998).

3.3.15 Determinação de metais pesados nas águas superficiais e subterrâneas

As amostras de água de superfície, previamente tratadas com ácido e pré-concentradas, foram subamostradas para a determinação do teor de metais por espetrofotometria de absorção atómica (AAS) utilizando o espetrofotómetro Buck Scientific Model 200A. Todas as manipulações foram efectuadas em condições controladas para evitar a contaminação (Ndiokwerre, 1994).

3.3.16 Determinação de hidrocarbonetos de petróleo nas águas superficiais e subterrâneas

O óleo e a gordura foram determinados utilizando um espetrofotómetro (AP1/RP - xileno e a absorvância do extrato combinado foi determinada no espetrofotómetro utilizando o xilema como branco (Efe, Ogban, Horsfall e Akporhonor, 2006).

O gel de sílica para cromatografia em coluna foi ativado a 200°C durante 4 horas. O gel de sílica foi então desativado adicionando-lhe 5% do seu peso de água destilada num frasco. O frasco foi bem tapado e o conteúdo misturado e deixado a equilibrar durante a noite para evitar a formação de artefactos. Pesam-se 4 g de sílica-gel num frasco e tapam-se bem. Os óleos e gorduras obtidos foram redissolvidos em diclorometano (DCM) e a solução de extrato foi transferida para o frasco onde tinham sido adicionados 100 ml de n-hexano. A mistura foi agitada durante 5 minutos com um agitador magnético, com o frasco devidamente tapado. A solução foi filtrada para um balão previamente tarado através de um papel de filtro humedecido com n-hexano. O gel de sílica e o papel de filtro foram lavados com 10 ml de hexano. O solvente foi então concentrado e evaporado até à secura num evaporador rotativo e num banho de água pré-ajustado a 85 0C. O frasco foi novamente pesado até se obter um peso constante. Os óleos e gorduras provenientes da determinação em branco foram sujeitos ao mesmo procedimento para obter o branco para os hidrocarbonetos totais de petróleo.

3.4 Análise de amostras

Foram efectuados alguns testes comuns de qualidade da água nas amostras de água, tanto *in-situ* como *ex-situ*, para fornecer antecedentes sobre questões de qualidade da água; os parâmetros foram testados; as suas características e os seus potenciais efeitos para a saúde e outros efeitos indicados no Quadro 2.1 foram testados e verificados.

3.4.1 Análise estatística

Foram utilizadas estatísticas descritivas e inferenciais para analisar os dados. Para a comparação de cada um dos parâmetros físico-químicos com as respectivas normas (NAFDAC, 2008 e OMS, 2008), foram utilizados a média e o desvio-padrão. O teste de significância da diferença entre o valor obtido no local de estudo e o dos padrões foi efectuado utilizando o teste t de Student de comparação de médias de amostras independentes. O mesmo teste t foi utilizado para determinar se as diferenças entre os parâmetros do furo, da água do poço, da água subterrânea e da água superficial eram ou não significativas. A correlação bivariada foi utilizada para examinar a relação bivariada entre os parâmetros físico-químicos. A análise de variância (ANOVA) foi utilizada para efetuar um teste de significância a $P<0,05$, a fim de avaliar a diferença entre os parâmetros em cada local de amostragem. O cálculo dos dados foi efectuado utilizando o pacote estatístico para as ciências sociais (SPSS).

CAPÍTULO 4

RESULTADOS E DISCUSSÃO

4.1   Resultados

4.1.1   Relação entre variáveis físico-químicas

A Tabela 4.1 mostra a natureza e a força da relação bivariada entre qualquer um dos parâmetros físico-químicos. O resultado revela que o pH tem uma relação positiva significativa com os TDS ($r = 0,422$, $p = 0,01$). O mesmo se aplica à condutividade, que tem uma relação positiva significativa com os SDT ($r = 0,955$, $p = 0,01$). Além disso, o resultado registou que a turvação tem uma relação positiva significativa com os SDT, o pH e a condutividade. A turbidez tem uma relação positiva significativa com os TDS ($r = 0,821$, $p = 0,01$), o pH ($r = 0,735$, $p = 0,05$) e a condutividade ($r = 0,641$, $p = 0,05$). Da mesma forma, o resultado mostra que a salinidade tem uma relação positiva com o TDS e a condutividade. TDS ($r = 0,876$, $p = 0,01$) e condutividade ($r = 0,861$, $p = 0,01$). O resultado da relação bivariada também revela que a alcalinidade total tem uma relação positiva significativa com os TDS, a turvação e a secção do poço. TDS ($r = 0,679$, $p = 0,05$) Turvação ($r = 0,693$, $p = 0,05$) secção do poço ($r = 1,000$, $p = 0,01$). A dureza total apresenta uma relação positiva significativa com o pH e uma relação negativa com o TDS e a condutividade. TDS ($r = -1,000$, $p = 0,01$) pH ($r = 0,957$, $p = 0,05$) Condutividade ($-0,977$, $p = 0,05$). Além disso, o resultado revela que o ferro tem uma relação positiva significativa com o TDS, o pH e a turvação. TDS ($r = 0,708$, $p = 0,05$) pH ($r = 0,843$, $p = 0,01$) Turbidez ($r = 0,960$, $p = 0,01$). O manganês também apresenta uma relação positiva significativa com os TDS, o pH, a turvação e o ferro. TDS ($r = 0,649$, $p = 0,05$) pH ($r = 0,852$, $p = 0,01$) Turbidez ($r = 0,820$, $p = 0,01$) Ferro ($r = 0,876$, $p = 0,01$). Por último, o Zinco apresenta uma relação positiva significativa apenas com o SO4 ($r = 0,787$, $p = 0,01$). O resultado da relação entre os outros parâmetros físico-químicos não foi estatisticamente significativo ($p = 0,05$).

Tabela 4.1: Matriz de correlação mostrando a relação entre os parâmetros físico-químicos

Parameters	DO	ORP	TDS	pH	Conductivity	Turbidity	Salinity	Temperature	Altitude	Well Dept	SO$_4$	Total Alkalinity	Total Hardness	BOD	Iron	Manganese	Zinc
DO	1																
ORP	-0.083	1															
TDS	0.395	0.170	1														
pH	-0.116	-0.361	0.422 **	1													
Conductivity	0.495	0.315	0.955**	0.176	1												
Turbidity	0.271	0.017	0.821**	0.735*	0.641*	1											
Salinity	0.378	-0.146	0.876**	0.449	0.861**	0.610	1										
Temperature	-0.026	-0.331	0.149	0.156	0.184	0.026	0.351	1									
Altitude	0.729	-0.036	-0.416	-0.240	-0.427	-0.218	-0.456	-0.575	1								
Well Depth	0.500	-0.410	-0.277	0.510	-0.476	0.484	-0.277	-0.904	0.885	1							
SO$_4$	0.465	0.269	0.415	-0.515	0.555	0.110	0.362	0.023	0.117	0.079	1						
Total Alkalinity	0.510	-0.220	0.679*	0.418	0.631	0.693*	0.632	0.277	-0.669	1.000**	0.335	1					
Total Hardness	-0.421	-0.881	-1.000**	0.957*	-0.977*	-0.717	-0.907	0.133	0.214	0.277	-0.867	0.500	1				
BOD	-0.409	0.066	0.330	0.378	0.175	0.364	0.416	-0.467	0.365	0.545	-0.165	-0.297	-0.634	1			
Iron	0.201	-0.072	0.708*	0.843**	0.499	0.960**	0.483	0.025	-0.151	0.792	-0.133	0.532	-0.404	0.415			
Manganese	0.174	-0.017	0.649*	0.852**	0.477	0.820**	0.441	0.141	-0.512	-0.874	-0.333	0.612	0.199	0.236	0.876**	1	
Zinc	0.291	0.090	0.389	-0.189	0.405	0.283	0.423	-0.335	0.277	0.701	0.787**	0.427	-0.515	0.129	0.049	-0.178	1

**** - *A correlação é significativa*** ao nível de 0,01 (2 caudas), * - A correlação é significativa ao nível de 0,05 (2 caudas), a - Não pode ser calculada porque pelo menos uma das variáveis é constante.

A Tabela 4.2 mostra o resultado da avaliação da qualidade da água subterrânea e da água superficial na área de estudo. Os resultados mostram que, no caso das águas subterrâneas, dos 22 parâmetros físico-químicos analisados, apenas o oxigénio dissolvido, a temperatura, a carência biológica de oxigénio e o total de hidrocarbonetos de petróleo (TPH) estavam dentro das normas da OMS. Os resultados obtidos para os outros parâmetros físico-químicos estavam fora dos padrões recomendados pela OMS. Relativamente às águas superficiais, apenas a temperatura, o hidrocarboneto total de petróleo e o chumbo estavam dentro das normas da OMS. Os outros parâmetros estavam fora dos valores normalizados recomendados pela OMS. Do mesmo modo, no que respeita às águas subterrâneas e superficiais, apenas a temperatura e o chumbo se encontram dentro das normas recomendadas pela NAFDAC. Os outros parâmetros estavam fora das normas.

Tabela 4.2: Qualidade das águas superficiais e subterrâneas na área de estudo em relação às normas da OMS e da NAFDAC

Parameters	WHO	NAFDAC	Groundwater Mean±SD	Remark WHO	Remark NAFDAC	Surface water Mean±SD	Remark WHO	Remark NAFDAC
DO	>7.0	7.50	14.5±0.48	WS	OS	6.32±0.38	OS	OS
ORP	-	-	123.5±132.07	-	-	-	-	-
TDS	1500mg/L	500mg/L	30.9±22.88	OS	OS	12.35±4.91	OS	OS
pH	7.0-8.9	6.50-8.5	5.4±3.57	OS	OS	6.08±0.50	OS	OS
Conductivity	1200us/cm	1000us/cm	51.6±27.54	OS	OS	21.87±5.94	OS	OS
Turbidity	5.0NTU	5.0NTU	21.5±35.04	OS	OS	1.49±0.40	OS	OS
Salinity	-	-	18.8±11.26	-	-	-	-	-
Temperature	27-28	27-28	27.7±1.05	WS	WS	27.71±0.74	WS	WS
Altitude	-	-	19.5±6.44	-	-	-	-	-
Well Depth	-	-	16.7±4.16	-	-	-	-	-
Sulphate	500mg/L	100mg/L	1.7±0.52	OS	OS	1.20±0.28	OS	OS
Total Alkalinity	100mg/L	100mg/L	4.3±1.80	OS	OS	2.00±0.00	OS	OS
Total Hardness	500mg/L	100mg/L	6.7±3.69	OS	OS	-	-	-
BOD	<3.0	-	2.4±1.25	WS	-	3.80±0.42	OS	-
TPH	<10	-	0.001±0.00	WS	-	0.001±0.00	WS	-
Iron	3mg/L	0.3mg/L	5.3±12.18	OS	OS	0.001±0.00	OS	OS
Copper	2.0mg/L	1.0mg/L	0.01±0.001	OS	OS	0.00±0.001	OS	OS
Chromium	0.05mg/L	0.05mg/L	0.001±0.00	OS	OS	0.001±0.00	OS	OS
Manganese	0.4mg/L	2.0mg/L	0.05±0.08	OS	OS	0.02±0.01	OS	OS
Nickel	0.02mg/L	0.07mg/L	0.001±0.00	OS	OS	0.001±0.00	OS	OS
Lead	0.01mg/L	0.01mg/L	0.001±0.00	OS	OS	0.01±0.00	WS	WS
Zinc	3.0mg/L	5.0mg/L	0.3±0.49	OS	OS	0.05±0.00	OS	OS

OS= Fora do padrão, WS= Dentro do padrão, SD= Desvio padrão

A tabela 4.3 resume a avaliação da qualidade da água dos furos e dos poços na área de estudo. Os resultados mostram que, dos 22 parâmetros físico-químicos analisados na água dos furos, o oxigénio dissolvido (OD), a temperatura, a carência biológica de oxigénio (CBO) e o total de hidrocarbonetos de petróleo (TPH) estavam dentro dos padrões da Organização Mundial de Saúde. Outros parâmetros estavam fora dos valores padrão recomendados pela OMS. Para a água do poço, apenas o oxigénio dissolvido (DO), a carência biológica de oxigénio (BOD) e o hidrocarboneto total de petróleo (TPH) estavam dentro dos padrões. Os outros parâmetros estavam fora do valor padrão. Da mesma forma, para a água do furo, apenas a temperatura se encontrava dentro dos padrões da NAFDAC, enquanto que para a água do poço, apenas o chumbo se encontrava dentro dos padrões da NAFDAC. Além disso, a temperatura estava um pouco acima dos valores padrão de 27-28°C. Os resultados obtidos para outros parâmetros físico-químicos estavam fora dos padrões recomendados.

Tabela 4.3: Avaliar a qualidade da água dos furos e dos poços na área de estudo em relação às normas da OMS e da NAFDAC

Parameters	WHO	NAFDAC	Borehole water			Well water		
			Mean±SD	Remark WHO	Remark NAFDAC	Mean±SD	Remark WHO	Remark NAFDAC
DO	>7.0	7.50	14.27±0.5	WS	OS	14.8±0.3	WS	OS
ORP	-	-	158.2±97.6	-	-	65.7±184.3	-	-
TDS	1500mg/L	500mg/L	27.4±24.7	OS	OS	36.7±23.1	OS	OS
Ph	7.0-8.9	6.50-8.5	5.81±4.40	OS	OS	4.7±2.3	OS	OS
Conductivity	1200us/cm	1000us/cm	45.4±24.3	OS	OS	61.9±34.95	OS	OS
Turbidity	5.0NTU	5.0NTU	23.0±43.24	OS	OS	19.0±23.30	OS	OS
Salinity	-	-	14.0±11.4	-	-	26.7±5.8	-	-
Temperature	27-28	27-28	27.4±0.9	WS	WS	28.3±1.3	OS	OS
Altitude	-	-	18.3±9.1	-	-	20.7±4.2	-	-
Well Depth	-	-	-	-	-	16.7±4.2	-	-
Sulphate	500mg/L	100mg/L	1.4±0.2	OS	OS	2.1±0.7	OS	OS
Total Alkalinity	100mg/L	100mg/L	4.0±2.0	OS	OS	5.0±1.4	OS	OS
Total Hardness	500mg/L	100mg/L	7.70	OS	OS	6.4±4.5	OS	OS
BOD	<3.0	-	2.5±1.54	WS	-	2.2±0.8	WS	-
TPH	<10	-	0.001±0.00	WS	-	0.001±0.00	WS	-
Iron	3mg/L	0.3mg/L	6.9±15.61	OS	OS	2.4±3.3	OS	OS
Copper	2.0mg/L	1.0mg/L	0.001±0.001	OS	OS	0.001±0.00	OS	OS
Chromium	0.05mg/L	0.05mg/L	0.001±0.00	OS	OS	0.001±0.00	OS	OS
Manganese	0.4mg/L	2.0mg/L	0.1±0.10	OS	OS	0.02±0.01	OS	OS
Nickel	0.02mg/L	0.07mg/L	0.001±0.00	OS	OS	0.001±0.00	OS	OS
Lead	0.01mg/L	0.01mg/L	0.001±0.00	OS	OS	0.001±0.00	OS	WS
Zinc	3.0mg/L	5.0mg/L	0.09±0.1	OS	OS	0.8±0.8	OS	OS

0S= Fora do padrão, WS= Dentro dos padrões, SD= Desvio padrão

A Tabela 4.4 mostra que existe uma relação negativa significativa entre o oxigénio dissolvido e a distância da queima de gás (r = -0,697*, p = 0,05). Os resultados obtidos entre a distância da queima de gás e outros parâmetros físico-químicos não foram estatisticamente significativos (p = 0,05). Isto implica que, à medida que a distância do local de queima de gás aumenta, o oxigénio dissolvido diminui significativamente (p = 0,05). Este resultado é representado graficamente na Figura 4.1.

Tabela 4.4: Relação entre os locais de queima de gás e os parâmetros físico-químicos

Parameters	r-value	p-value	Remark
DO	-0.697*	0.025	S
ORP	-0.224	0.594	Ns
TDS	-0.285	0.424	Ns
Ph	0.134	0.711	Ns
Conductivity	-0.359	0.308	Ns
Turbidity	-0.157	0.664	Ns
Salinity	0.160	0.705	Ns
Temperature	-0.211	0.558	Ns
Altitude	0.498	0.315	Ns
Well Depth	0.577	0.609	Ns
SO_4	-0.429	0.216	Ns
Total Alkalinity	-0.374	0.321	Ns
Total Hardness	0.824	0.176	Ns
BOD	0.442	0.200	Ns
TPH	-	-	-
Iron	-0.103	0.776	Ns
Copper	-	-	-
Chromium	-	-	-
Manganese	-0.148	0.684	Ns
Nickel	-	-	-
Lead	-	-	-
Zinc	-0.158	0.662	Ns

ns = não significativo a 5 % (p = 0,05), s = significativo a 5 % (p = 0,05)

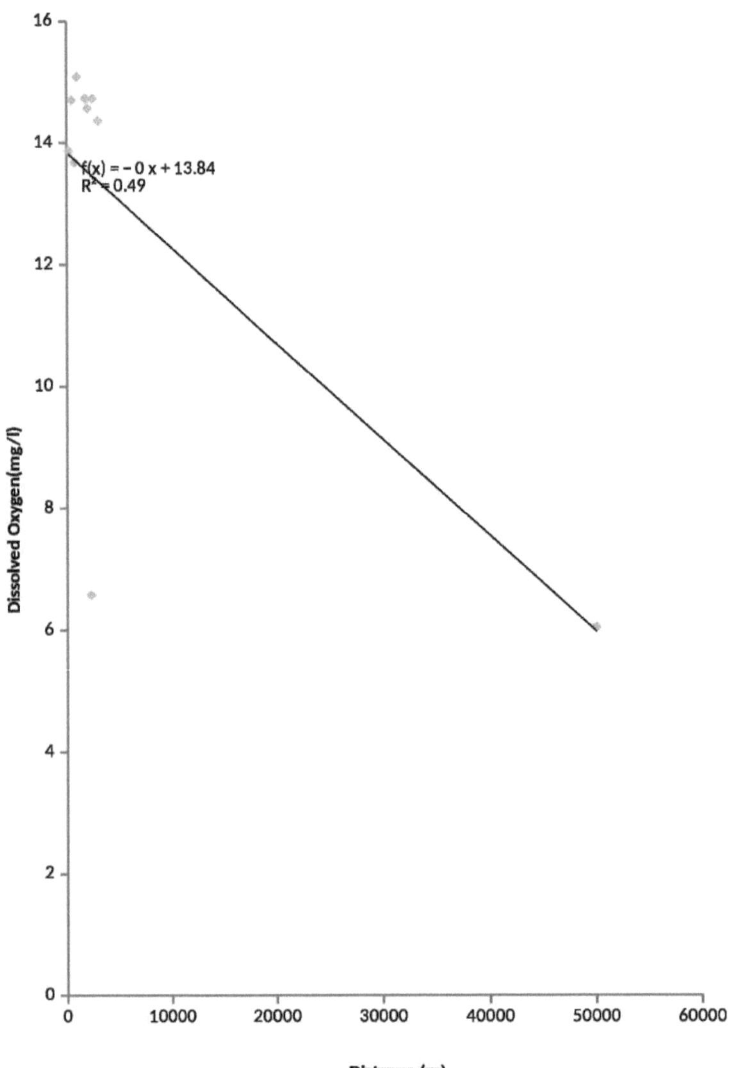

Figura 4.1: Relação entre o oxigénio dissolvido (OD) e a distância da queima de gás

4.2 Discussão

Este estudo encontrou uma relação significativa entre alguns dos parâmetros físico-químicos. Especificamente, o resultado revelou que o sólido dissolvido total está significativamente relacionado com a condutividade, a turvação, o pH, a salinidade, a alcalinidade total, a dureza total, o ferro e o manganês. Verificou-se que todos estes parâmetros físico-químicos tinham uma relação positiva

74

significativa com os DT, exceto a dureza total, que tinha uma relação negativa perfeita. Este resultado implica que, à medida que o pH, a condutividade, a turvação, a salinidade, a alcalinidade total, o ferro e o manganês da água aumentam, o sólido total dissolvido aumenta significativamente. No entanto, no caso da dureza total, verificou-se o inverso, de modo que, à medida que a dureza total da água aumenta, o sólido total dissolvido e a condutividade diminuem significativamente. Além disso, verificou-se que o pH da água está significativamente relacionado com a turvação, a dureza total, o ferro e o manganês. Isto é uma indicação de que o pH da água tende a aumentar à medida que o nível de turvação, dureza total, ferro e manganês aumenta. Além disso, os parâmetros físico-químicos como a turvação, a salinidade e a dureza total também revelaram uma relação significativa com a condutividade. A turvação e a salinidade mostraram uma relação positiva significativa com a condutividade, enquanto o resultado para a dureza total foi significativamente negativo. Foi obtida uma relação significativa perfeita entre o sulfato (SO4) e a alcalinidade total, que revelaram uma relação significativa entre si. O ferro apresentou uma relação positiva significativa com o manganês ($p < 0,05$).

A análise do oxigénio dissolvido (OD) é utilizada para medir a quantidade de oxigénio gasoso dissolvido na água, o que é crucial para todas as formas de vida, uma vez que o oxigénio (O_2) desempenha um papel influente em quase todos os processos químicos e biológicos nas massas de água (Chapman e Kimstach, 1992). O valor médio mais elevado de DO foi registado na água do furo e na água do poço, que estavam acima dos critérios permitidos pelos organismos reguladores nacionais. O valor médio mais baixo foi obtido nas águas superficiais
que era inferior ao limite aceitável da OMS (2008) e da NAFDAC (2008). O baixo valor de DO indica uma atividade biológica elevada, o que é um reflexo de uma entrada elevada de matéria orgânica. Níveis baixos de DO causam stress e decomposição anaeróbica da matéria orgânica. Estes resultados corroboram o relatório anterior de Chukwu (2008), segundo o qual valores altos ou baixos de OD afectam a vida aquática e alteram a toxicidade de outros poluentes, de uma forma ou de outra (Morrison *et al,* 2001). O OD no líquido fornece uma fonte de oxigénio necessária para a oxidação

da matéria orgânica quando a concentração é elevada e a sua falta faz com que a massa de água se torne morta ou desprovida de vida aquática (Chukwu, 2008). Este resultado encontrou apoio em Dami, Ayuba e Amukali (2012), que estabeleceram que as águas subterrâneas também podem ser convenientemente utilizadas para apoiar as actividades dos tanques de peixes, uma vez que os valores de DO estavam acima do valor recomendado de mais de 7 como padrão de fluxo para a pesca. Normalmente, níveis de DO inferiores a 2mg/l matam os peixes (Hertz *et al,* 1975). Chapman e Kimstach (1992) observaram que concentrações de DO inferiores a 5mg/l afectam negativamente o funcionamento e a sobrevivência das comunidades biológicas e que concentrações inferiores a 2mg/l podem levar à morte da maioria das vidas. O oxigénio é solúvel na água e tende a diminuir com o aumento da temperatura.

Os valores de Sólidos Totais Dissolvidos (TDS) foram significativamente mais baixos nas áreas de estudo em comparação com o limite máximo estabelecido pela NAFDAC e pela OMS. Menos de 500 mg/l é o valor máximo permitido para TDS na água potável na Nigéria (NIS, 2007), enquanto que a OMS (2008) recomendou 1500mg/l como limite máximo permitido para a água potável. No entanto, se as águas fossem consideradas para utilização em tanques de peixes, poderiam ser utilizadas sem receio, uma vez que a OMS (2008) recomendou 1500mg/l para a proteção da pesca e das vidas aquáticas, bem como para o abastecimento doméstico de água. Uma vez que todos os valores se encontravam abaixo do limite aceitável, são todos seguros para beber com base no TDS, tal como sustentado por Dami, Ayuba e Amukali (2012), segundo os quais as águas dentro dos limites aqui obtidos são altamente palatáveis.

Os valores de condutividade estavam abaixo dos critérios permitidos pelos organismos reguladores nacionais e internacionais. Os valores de condutividade muito mais elevados registados na água subterrânea e na água de poço, em comparação com a água de superfície, reflectem uma interação significativa entre a água e o solo, resultando na dissolução do meio geológico (Ogunkoya e Efi, 2003). Embora as amostras de ambientes de queima de gás sejam relativamente mais condutoras. Localmente, o efeito da infiltração de água salgada no aquífero a partir da maré influenciada pelo rio Orashi pode também ser um fator importante na salinização da água subterrânea, da água de furos e da água de poços na área (Olobaniyi e Owoyemi, 2006).

Este resultado encontrou apoio em Ekine e Iheonunekwu (2007) e Ehirim e Nwankwo (2010) que estabeleceram que os valores de condutividade eléctrica das amostras de águas subterrâneas e superficiais recolhidas no local estudado são baixos ao longo dos períodos de amostragem, incluindo as variações das suas concentrações médias a diferentes distâncias. De acordo com Okafor e Opuene (2007), a condutividade eléctrica indica o nível de salinidade; por conseguinte, afecta grandemente o sabor da água e representa um impacto significativo na aceitação do utilizador.

O pH revelou que os valores máximos e mínimos de pH nos quatro recursos hídricos de todos os locais de amostragem são inferiores aos critérios permitidos pelos organismos reguladores nacionais e internacionais. Por conseguinte, estas fontes de água estão disponíveis para os habitantes da zona como água de baixa qualidade. Os valores de pH das amostras recolhidas são relativamente baixos; e os baixos valores de pH registados sugerem precipitação ácida na vizinhança imediata da instalação de processamento de gás natural. O intervalo ótimo de pH para uma vida sustentável é de 6,5-8,2 (Murdoch *et al,* 2001). A água demasiado ácida ou demasiado alcalina pode ser prejudicial para a saúde humana e conduzir a um desequilíbrio nutricional, o que foi demonstrado numa zona de derrame de petróleo, onde se verificou que ambos os extremos de pH eram problemáticos (Rosborg, 2002). Sabe-se que a precipitação ácida representa uma ameaça para vários recursos económicos: pesca, silvicultura, agricultura e vida selvagem (Opuene e Agbozu, 2008). As águas acidificadas podem lixiviar metais tóxicos das bacias hidrográficas e dos sistemas de distribuição de água, e a presença destes metais na água potável pode resultar numa série de impactos graves para a saúde humana. O pH ácido observado neste estudo está de acordo com o relatório de Abowei (2010), segundo o qual as águas com pouca alteração do pH são geralmente mais condutoras da vida aquática. Além disso, os baixos valores de pH registados no estudo também concordam com a observação de Beadle (1981) de que os rios que correm através das florestas contêm ácido húmido, que é o resultado da decomposição e oxidação da matéria orgânica e, por conseguinte, do baixo pH. De acordo com

Aguwamba (2000), a acidez da água natural é atribuída à presença de dióxido de carbono ou de ácidos minerais fortes.

A água do furo também revelou algum nível de turbidez com o valor mais alto de 23,00 NTU para a água do furo, que é marcadamente mais elevado do que a água de superfície. No entanto, os valores de turvação estão acima do limite máximo permitido de 5 NTU para a água potável (OMS, 2008). No entanto, a gama média de turbidez resultante de actividades relacionadas com o petróleo, como a queima de gás e o derrame de petróleo, pode ter implicações graves para a saúde dos residentes nas áreas estudadas (Dami *et al.*, 2012). Isto pode estar relacionado com a presença de partículas de argila, silte, componente orgânico e outras substâncias microscópicas. Também pode ser uma indicação de depósito de cargas poluentes em Ebocha- Obrikom e seus arredores. Este resultado corrobora os relatórios anteriores de Udoessien (2003), segundo os quais a turvação ajuda a indicar o grau de nocividade da água. Isto também está de acordo com as conclusões de Longe e Enekwechi (2007); Nouri *et al.* (2006) que concluíram que isto é atribuído à lixiviação das actividades petrolíferas e à vandalização de condutas na área de estudo.

Os valores de temperatura revelaram que, embora a temperatura fosse mais elevada (com um valor médio de 28,3°C) na água do poço, em geral, as temperaturas não se alteraram significativamente. Este facto sugere que a queima de gás e o derrame de petróleo parecem não ter influenciado a temperatura da água subterrânea. Quando comparados com o intervalo máximo admissível de 27 - 28°C recomendado pela OMS e NAFDAC, (2008) para água potável, os valores de temperatura estão todos dentro do intervalo admissível.

O sulfato tem uma concentração nitidamente mais baixa nas águas subterrâneas (1,68 mg/1), nas águas superficiais (2,07 mg/1), na água de furos (1,44 mg/1) e na água de poços (2,07 mg/1). Os dados revelaram que todos os locais de amostragem se situam abaixo do limite máximo permitido pelos organismos reguladores nacionais e internacionais. Por conseguinte, podem ser utilizados em projectos de pesca e actividades agrícolas (USEPA, 1991). Níveis de sulfato superiores a 600 mg/L actuam como purgativos nos seres humanos (Esry *et al.*, 1991). O SO_X da queima de gás introduz sulfatos que conduzem a chuvas ácidas pela formação de ácido sulfúrico (Ogoni, 2010). O valor da concentração de sulfato na água dos poços foi muito mais elevado, embora abaixo do limite máximo estabelecido. Este facto pode ser atribuído provavelmente aos poços localizados relativamente perto de terrenos agrícolas e cuja água estava bastante contaminada por lixiviados de fertilizantes aplicados nos terrenos agrícolas situados perto dos poços e pela dissolução de minerais de sulfureto presentes no granito. No entanto, a preocupação com a saúde em relação ao $SO4^2$ ' na água potável foi levantada devido aos relatos de que diarreia, catarse, desidratação e irritação gastrointestinal podem estar associadas à ingestão de água contendo SO? Além disso, pode presumir-se que o sulfato é muito instável na atmosfera, de onde é convertido em formas adequadas para a sua permanência na água dos poços. Daí o baixo valor nas águas superficiais. O nível de SO?' na água do poço, devido à correlação, promoverá a imobilização do Pb. Embora significativamente baixo, correlaciona-se negativamente com o nível de SO4, tal como referido por Benka-Coker (1983).

A alcalinidade é uma medida da capacidade da água para neutralizar ácidos. Os constituintes da alcalinidade que podem contribuir para a alcalinidade são OH, $CO3^2$ e HCOa". A alcalinidade total era nitidamente inferior aos critérios permitidos pelos organismos reguladores nacionais e internacionais. O nível de alcalinidade medido foi maior na água do poço (5,00 mg/1), mas ainda estava abaixo do limite permitido. Este facto pode ser atribuído à libertação contínua de substâncias ácidas na água do poço e no seu ambiente adjacente. Este facto pode não ser alheio ao menor volume de água no poço. Estes resultados encontraram apoio em Fakayode (2005) que estabeleceu que os níveis de alcalinidade de alguns locais estudados no Delta do Níger estão ao nível admissível de 100 mg/1 e, por conseguinte, não colocam desafios.

A dureza total mostrou uma concentração geralmente mais baixa na água subterrânea (6,70mg/l), na água do furo (7,70 mg/1) e na água do poço (6,37 mg/1). Estes dados revelaram que o valor máximo nas três fontes de água é inferior às normas nacionais e internacionais. De acordo com Udoessien (2003), a dureza da água deve-se aos iões $Ca2^+$ e Mg^{2+}. No entanto, os sais Fe^{2+} e Sn^{2+} podem ocorrer como HCO3, SO?', Cl e Nas. O valor mais elevado de dureza determinado na água do furo pode, portanto, ter sido o resultado da concentração destes iões devido ao volume reduzido de água no furo, um fator que também explica muito provavelmente o nível mais elevado de salinidade na água do poço. Este facto pode também promover a toxicidade do Ni e do Zn, respetivamente (Gervet, 2007). A água de superfície não tem valor médio registado. A carência biológica de oxigénio (CBO) é utilizada para ler o nível de matéria orgânica bioquimicamente degradada ou a carga de carbono na água (Abowei e George, 2009; Dami *et al.*, 2012). A CBO medida foi mais elevada nas águas de superfície (3,80 mg/1). No entanto, este valor é superior ao limite máximo admissível da norma da OMS. Em geral, o valor elevado de CBO nas águas de superfície pode ser atribuído a actividades humanas. Assim, a queima de gás deve ter contribuído para esta tendência. Este facto apoia actividades bioquímicas mais elevadas nas águas de superfície. Além disso, o valor mais elevado de CBO obtido nas águas de superfície pode ser provavelmente atribuído ao aumento das actividades microbianas ocasionado pelo aumento da carga microbiana. Esta conclusão é consistente com Fakayode (2005) e Chukwu (2008), que opinaram que uma CBO elevada como a obtida nas águas de superfície resulta na depleção do oxigénio dissolvido, o que talvez seja prejudicial para a vida aquática. No entanto, uma grande quantidade de matéria orgânica pode resultar numa depleção quase absoluta de oxigénio. Enquanto o valor médio da carência bioquímica de oxigénio da água do poço e do furo na área de estudo indica que a água não está poluída. O valor de CBO obtido neste estudo também se compara favoravelmente com os valores registados por Abowei e George (2009). Além disso, Moore e Moore (1976) e Chinda *et al.* (1991) referiram que as massas de água com níveis de CBO entre 1,0 e 2,0 mg/1 são consideradas limpas; 3,0 mg/1 razoavelmente limpas, 5,0 mg/1 duvidosas e 10,0 mg/1 são consideradas más e poluídas. Além disso, pode deduzir-se que as actividades relacionadas com o petróleo podem influenciar o aumento da CBO nas águas de superfície.

O ferro está presente em concentrações elevadas nas águas subterrâneas e nas águas de furos, em comparação com as águas superficiais e de poços, que se encontravam geralmente abaixo do limite máximo tolerável dos organismos reguladores nacionais e internacionais. Este facto sugere alguma dissolução do ferro (Fe) nas partículas do solo. Pode ser devido aos efeitos da queima de gás. Os níveis de ferro nas águas dos furos comparam-se significativamente com os níveis registados no Delta do Níger (Ushie e Amadi, 2008). A elevada concentração de ferro (Fe) no Delta do Níger também foi registada por Akporido (2000). A presença de alta concentração de ferro (Fe) registou um impacto na cor e também desenvolveu turbidez. Esta é uma indicação de poluição na água do furo e na água subterrânea, enquanto a água de superfície é segura. Os resultados deste estudo estão de acordo com o relatório anterior de Emoyan *et al.* (2005), segundo o qual a concentração de ferro nas águas subterrâneas está intimamente relacionada com a da água do furo. A elevada taxa de ferro nas águas subterrâneas pode também dever-se à elevada taxa de evaporação que deixou menos volume de água no furo, daí a concentração de ferro. Além disso, pode ser atribuído ao grau de ferruganização dos materiais do aquífero, à qualidade dos materiais da água subterrânea/furo e à construção incorrecta do furo. Os materiais do furo podem ser de má qualidade e, como resultado, tornam-se propensos à ferrugem, enquanto a construção inadequada do furo permitirá que fluidos estranhos, como o oxigénio, alimentem o poço (Ahmed *et al.,* 2003).

Segundo o relatório de Egila *et al.* (2001), o oxigénio converte o ião ferroso solúvel em ião férrico insolúvel. Acrescentaram ainda que este facto irá degradar ainda mais a qualidade da água em termos de teor de ferro. Além disso, Edet e Ntekim (1996) sublinharam que os materiais geológicos em torno dos locais dos furos podem conter uma grande quantidade de turfa, lignite e lama orgânica que são piritosos. Ele afirmou que o ferro pode ser lixiviado da pirite e arrastado para o sistema de águas subterrâneas e, se a quantidade for elevada, irá contaminar os sistemas de águas subterrâneas. Além disso, Moriber (1994), alguns metais pesados estão naturalmente presentes em algumas fontes naturais de água. Este facto explica possivelmente os níveis de ferro presentes nas amostras. As poucas concentrações excessivas de ferro obtidas neste trabalho podem ser prejudiciais para a saúde porque o ferro é um potente antagonista dietético do metabolismo do cobre nos ruminantes (Humphries *et al.,* 1985, Udo, 2004). No entanto, o ferro é um elemento importante necessário para a síntese de hemoglobina durante a hemopoiese na medula óssea. O ferro também promove o crescimento de bactérias férricas, muitas vezes com um sabor desagradável e danifica a roupa e as canalizações como resultado da precipitação de Fe(OH)$_3$ a partir de FeSCU instável presente na água (Udosen, 2015). Os resultados também corroboram as descobertas de Waziri, (2006) e Kolo, (2007) de que, embora o ferro na água potável não seja um grande problema de saúde, concentrações acima de 3mg/l podem fazer com que os alimentos e a água fiquem descoloridos e com sabor metálico. A deficiência de ferro no sangue humano pode levar à anemia, enquanto o seu excesso pode gerar radicais livres no sistema, o que pode acelerar o processo de envelhecimento.

Os resultados da análise revelaram uma baixa concentração de metais pesados (Cu, Cr, Mg, Ni, Pb e Zn) na maioria das amostras registadas na área de estudo. Quantidades vestigiais de metais são comuns na água e, normalmente, não são prejudiciais para a nossa saúde. O cobalto, o cobre, o ferro, o manganês e o zinco, etc., são necessários em baixas concentrações como catalisadores das actividades enzimáticas. A água potável que contém níveis elevados de metais essenciais ou de metais tóxicos pode ser perigosa para a nossa saúde. As concentrações médias dos metais pesados nas amostras de água analisadas estão todas abaixo dos critérios permitidos pelos organismos reguladores nacionais e internacionais. Este facto sugere uma boa instalação de redução de metais pesados nas instalações de processamento de petróleo bruto da empresa petrolífera Agip presente na área de estudo. Tanto a água de superfície como a água de poço não mostram a presença de cobre, estando geralmente isentas de cobre como contaminante. O cobre pode ser um recurso natural devido às suas baixas concentrações, como demonstrado neste estudo. O cobre é uma substância essencial para a vida humana, mas a exposição crónica a água potável contaminada com cobre pode resultar no desenvolvimento de anemia, danos no fígado e nos rins (Dami *et al.*, 2012). Esta doença resultou do facto de a água potável ter sido contaminada pela corrosão de tubos de água feitos de cobre e de resíduos industriais.

O crómio apresentou valores insignificantes, uma vez que a água subterrânea, a água de superfície, a água de furos e a água de poços apresentaram um valor de 0,001 mg/l. O crómio não representa qualquer ameaça grave para a saúde ou para o ambiente. No entanto, deve ser monitorizado de perto porque a concentração atual pode ser devida à queima de gás. O manganês nas águas superficiais e nas águas de poços era nitidamente inferior à concentração encontrada nas águas subterrâneas e nas águas de furos. Isto é esperado porque o Mg^{2+} é normalmente libertado nas águas subterrâneas pela dissolução de feldspatos e micas que são componentes importantes dos quíferos das areias da planície deltaica (Olobaniyi e Owoyemi, 2006).

As concentrações de níquel e chumbo na amostra foram as menos detectadas. Os valores determinados foram muito insignificantes em relação aos limites máximos toleráveis. Os resultados revelaram que os níveis de níquel e de chumbo em algumas das amostras estavam abaixo do nível de deteção, mas as águas de superfície para o chumbo estão dentro do limite aceitável, pelo que se pode dizer que constituem uma preocupação para a saúde. O chumbo pode entrar no corpo humano através dos alimentos, da água e do ar. Encontra-se na água quando esta é ligeiramente ácida e a sua presença perturba a biossíntese da hemoglobina e provoca anemia, aumenta a pressão sanguínea, danifica os rins e o cérebro e provoca infertilidade nos homens e aborto nas mulheres (Marcus, 2001). A exposição prolongada ao chumbo, como acontece com a dependência excessiva das fontes de água, pode provocar uma diminuição do desempenho em alguns testes que medem as funções do sistema nervoso, fraqueza nos dedos e nos pulsos, aparecimento de rugas, pequenos aumentos da tensão arterial e anemia, ao passo que a exposição a níveis elevados de chumbo pode provocar instantaneamente danos graves no cérebro e nos rins, aborto espontâneo e morte pura e simples (Folkl, 2011).

O valor mais elevado para o zinco foi observado na água do poço. O limite máximo admissível de 5 mg/1 para o zinco não foi excedido por nenhum dos valores. Nestes limites, o zinco não apresenta efeitos graves para a saúde e o ambiente. A concentração de zinco medida pode parecer insignificante, mas o efeito cumulativo pode ser prejudicial para a saúde. Darni *et al.* (2012) observaram nos seus estudos uma forte relação entre a água potável contaminada com metais pesados e doenças crónicas como a insuficiência renal, a cirrose hepática, a anemia e a queda de cabelo. A insuficiência renal está relacionada com a contaminação por Pb e Cd. A cirrose hepática está relacionada com o Cu e o

Mo, sendo que a contaminação da água potável com Ni/Cr e Cu/Cd conduz à queda de cabelo e à anemia crónica, respetivamente. Além disso, os efeitos crónicos para a saúde incluem o cancro, defeitos congénitos, danos nos órgãos, perturbações do sistema nervoso e danos no sistema imunitário (USG, 2002). O Cd, Cu, Co, Cr, Mn, Ni, Pb e Zn são agentes toxigénicos e carcinogénicos consistentemente encontrados como contaminantes no abastecimento de água potável em muitas áreas do mundo (Groopman *et al.*, 1985). O nível de zinco na água do furo e do poço foi significativamente comparado com o nível registado no Delta do Níger (Ushie e Amadi, 2008).

De acordo com Udo (2004), o zinco tem sido implicado em doenças do tipo rickets. Também deve ser notado que os metais pesados, tóxicos ou não tóxicos, não são degradáveis e, portanto, persistem no ecossistema (Ogoni, 2010). Observou-se que a maioria dos habitantes das comunidades rurais onde existem poços abertos depende em grande medida da água desses poços para beber, processar alimentos ou lavar utensílios. É, portanto, óbvio que os poços abertos desempenham um papel importante no abastecimento de água aos habitantes rurais, especialmente em comunidades onde outras fontes de água, como riachos, estão localizadas longe das povoações. Além disso, dada a sua dependência da água dos poços, era provável que as pessoas que utilizavam essa água fossem infectadas com doenças transmitidas pela água, se a água do poço estivesse contaminada. De acordo com Eja (2002), as pessoas infectadas com doenças de origem hídrica contraem infecções através do contacto oral com água contaminada. Isto também está em consonância com o trabalho de Emoyan *et al.* (2005), que referiu que as doenças de origem hídrica são aquelas que se obtêm através da ingestão de agentes patogénicos através da água potável ou da água que chega à boca pela lavagem de utensílios e mãos ou pela água utilizada na preparação de alimentos. Acrescentou ainda que este tipo de água provém de poços abertos que estão poluídos.

O resultado deste estudo revelou uma relação negativa significativa entre o oxigénio dissolvido e a distância do local de queima de gás ($r = -0,697^*$). Este resultado é uma indicação de que, à medida que a distância do local de queima de gás aumenta, o oxigénio dissolvido diminui significativamente (ou seja, quanto mais longe o furo estiver dos locais de queima de gás, mais baixo será o nível de oxigénio dissolvido na água). Confirmando assim o conceito de decaimento da distância, que afirma que a propagação das actividades diminui com o aumento da distância do centro das actividades (Botkin e Keller, 1998 e Efe, 2010b). Outros parâmetros físico-químicos mostraram uma relação insignificante com a distância dos locais de queima de gás (p=0,05). Esta relação negativa significativa entre o oxigénio dissolvido e outros parâmetros físico-químicos pode dever-se à descarga nociva de efluentes não tratados nas massas de água, uma vez que uma CBO elevada, como a obtida neste estudo, resulta na depleção do oxigénio dissolvido, o que pode ser prejudicial para a vida aquática e a saúde humana. No entanto, grandes quantidades de matéria orgânica podem resultar num esgotamento quase absoluto do oxigénio na água (Fakayode, 2008; Chukwu, 2008). Assim como a capacidade de auto-purificação da massa de água.

CAPÍTULO 5

RESUMO, CONCLUSÕES E RECOMENDAÇÕES

5.1 Resumo

O resultado das análises físicas e químicas de amostras de água recolhidas nas zonas de Ebocha-Obrikom, na região do Delta do Níger, na Nigéria, revelou que a queima de gás e o derrame de petróleo parecem não ter influenciado as temperaturas, o pH e os sólidos totais dissolvidos das águas subterrâneas. No entanto, a água apresentava uma turbidez elevada, sugerindo contaminação. A condutividade era elevada na água do poço e na água subterrânea. Este facto foi atribuído a uma maior acumulação de sais dissolvidos e outros materiais orgânicos. A elevada taxa de alcalinidade na água subterrânea e na água do poço foi atribuída à libertação contínua de substâncias de hidrocarbonetos nos ambientes adjacentes, que mais tarde percolaram no subsolo. Embora estes valores não tenham atingido o limite máximo para a água potável recomendado pela OMS e pela NAFDAC, a água alcalina pode ainda representar um perigo para a saúde dos habitantes da zona.

5.2 Conclusão

O estudo revelou o seguinte:

i. Enquanto as águas subterrâneas apresentavam valores mais elevados de turvação e ferro, as concentrações de carência biológica de oxigénio (CBO) eram mais elevadas nas águas superficiais.

ii. A água do poço tinha valores mais elevados de turvação e ferro, a concentração de temperatura era um pouco mais elevada na água do poço.

iii. O pH das águas subterrâneas (incluindo águas de furos e poços) e das águas superficiais era ácido.

iv. Apenas o oxigénio dissolvido mostrou uma relação negativa significativa com a distância da queima de gás, enquanto os outros parâmetros físico-químicos não foram estatisticamente significativos.

As implicações ambientais e sanitárias do que precede incluem:

A água subterrânea proveniente de poços escavados é geralmente utilizada para fins domésticos na zona rural de bocha-Obrikom sem tratamento prévio, havendo preocupações quanto às implicações para a saúde. O estudo revelou que tanto as amostras de águas superficiais como as de águas subterrâneas recolhidas na comunidade produtora de petróleo e gás de Ebocha-Obrikom eram relativamente ácidas, continham radicais ácidos e podem ser atribuídas a emissões provenientes da queima de gás e de actividades de refinação de petróleo, que são comuns na zona. Assim, acredita-se que a qualidade da água das comunidades de Ebocha-Obrikom está a deteriorar-se gradualmente, particularmente na área industrializada.

As concentrações mais elevadas da maioria dos parâmetros medidos sugerem a entrada de efluentes na água provenientes de indústrias dentro e à volta da área de produção de petróleo e gás de Ebocha- Obrikom no estado do rio. Por conseguinte, em virtude do seu atual estado de qualidade, pode presumir-se que é prejudicial para a vida aquática. Teores elevados de CBO reduzem frequentemente as quantidades de oxigénio dissolvido, o que é prejudicial para a vida aquática. Os resultados revelaram que o estado da qualidade da água de Ebocha-Obrikom é prejudicado pela descarga de efluentes industriais. A turvação, que se relaciona com a quantidade de materiais (efluentes) presentes na água, foi observada como sendo elevada e o seu valor estético parece ter baixado em resultado da entrada de resíduos das indústrias. Da mesma forma, o elevado teor de ferro sugere que as águas subterrâneas têm o potencial de afetar a saúde do ecossistema e a saúde da comunidade rural que utiliza as águas subterrâneas diretamente sem tratamento. Também são alarmantes as consequências ou impactos crónicos dos níveis de ferro registados neste ecossistema aquático que podem danificar os tecidos como resultado da acumulação de ferro e podem resultar no desenvolvimento de uma pneumoconiose benigna. O ferro pode causar conjuntivite, cordite e retinite quando contactado e permanecendo nos tecidos. A presença de ferro na água potável é questionável por uma série de razões não relacionadas com a saúde. Por exemplo, a água que contém ferro tem frequentemente sabor e mancha a roupa e as canalizações em resultado da precipitação de Fe(OHh a partir do FeSCh instável presente na água. O ferro também promove o crescimento de bactérias férricas. Além disso, para proteger ao máximo a saúde dos nativos dos potenciais efeitos da exposição ao ferro através da ingestão de águas subterrâneas e organismos aquáticos contaminados, as concentrações de Fe na água potável são normalmente de 0,3 mg/l e o limite excessivo é de 1,0 mg/l. O nível de ferro aumenta muito se o ferro for corroído. Este fenómeno é muito comum nas águas residuais ou nos efluentes das fábricas, que são normalmente descarregados nas massas de água próximas através de tubos de ferro. Os resultados sugerem que a utilização destas águas para beber e para fins domésticos pode constituir uma ameaça para a saúde dos utilizadores e exige a intervenção de agências governamentais. No entanto, deve ser efectuado um tratamento físico simples dos efluentes. Recentemente, o Governo da Nigéria fixou o ano de 2020 para pôr termo a todas as actividades de queima de gás pelas empresas petrolíferas que operam na zona do Delta do Níger. As autoridades locais estão também a envidar esforços para garantir melhores práticas de saneamento nas comunidades. Estes esforços podem ajudar a inverter a tendência de degeneração da qualidade dos recursos hídricos na zona.

5.3   Recomendações

Recomenda-se que:

i.   O Ministério do Ambiente do Estado do Rio deve iniciar uma monitorização regular dos níveis destes poluentes nos vários recursos aquáticos, a fim de evitar uma intoxicação alimentar em grande escala devido à transferência trófica destas espécies poluentes ao longo do tempo e, em ligação com organismos de investigação, realizar estudos de bioensaio para determinar as doses letais (Ldso) destes poluentes, o que ajudará no aspeto da monitorização também recomendado abaixo;

ii.   A indústria petrolífera deve ser encorajada a adotar tecnologias com baixo teor de resíduos e sem resíduos (LNWT) em todas as fases da prospeção e exploração, utilização e tratamento do petróleo bruto;

iii. A contaminação por ferro é um problema de saúde pública que merece maior atenção e ação imediata. A caraterização e a atenuação do problema do ferro numa fase inicial dos esforços de desenvolvimento dos recursos hídricos de Ebocha-Obrikom podem ajudar a evitar uma exposição generalizada e a longo prazo. Por conseguinte, devem ser tomadas medidas antes que uma parte significativa da população das zonas de "alto risco" passe a depender das águas subterrâneas e, consequentemente, fique vulnerável aos efeitos toxicológicos do ferro a longo prazo.

iv. As substâncias químicas com importância para a saúde que não o ferro (incluindo o zinco, o níquel, o chumbo, o manganês, o crómio e o cobre) devem ser objeto de maior atenção e estudo. O nitrato, o chumbo, o crómio e o manganês são provavelmente os mais significativos e devem receber elevada prioridade em quaisquer futuros programas de vigilância química da qualidade da água.

v. Convenções internacionais, tratados e acordos bilaterais relevantes em que a Nigéria é parte: Convenção para a Cooperação na Proteção e Desenvolvimento do Meio Marinho e Costeiro da Região da África Ocidental e Central (6 de junho de 1984), Convenção das Nações Unidas sobre o Direito do Mar (14 de agosto de 1986), Convenção para a Proteção da Camada de Ozono (12 de setembro de 1986), Convenção Internacional sobre a Preparação, Resposta e Cooperação em caso de Poluição por Hidrocarbonetos (25 de maio de 1993), Tratado da Comunidade Económica Africana (15 de junho de 1994), Convenção sobre a Diversidade Biológica (13 de junho de 1992) e Convenção-Quadro sobre as Alterações Climáticas (24 de agosto de 1994) devem ser aplicadas através do Decreto n. 86 de 10 de dezembro de 1992: Regulamentos Nacionais de Proteção do Ambiente para mitigar a poluição do ambiente;

vi. A educação do público sobre as fontes e os efeitos para a saúde da exposição aos HAP deve ser levada a cabo por agências governamentais e não governamentais;

vii. As universidades e os organismos de investigação devem ser encorajados e patrocinados a realizar mais estudos nas zonas de água doce não marés do Delta do Níger.

viii. Finalmente, a qualidade da água em áreas geográficas não incluídas nesta avaliação deve ser investigada (o rastreio de metais pesados já foi efectuado em algumas dessas áreas). As investigações sobre a qualidade da água e a relação entre a qualidade da água e a geologia seriam de grande utilidade para os planeadores de programas de recursos hídricos e para as agências de execução. O custo de futuros estudos sobre a qualidade da água poderia ser mantido a um nível mínimo, concentrando-se principalmente nos constituintes químicos que foram considerados de maior preocupação durante esta avaliação e outros estudos subsequentes.

CAPÍTULO 6

REFERÊNCIAS

Abowei, J. F. N. (2010). Condições de Salinidade, Oxigénio Dissolvido, pH e Temperatura da Água Superficial no Rio Nkoro, Delta do Níger, Nigéria. *Advance Journal Food Science Technology,* 2(1): 16-21.

Abowei, J. F. N. e George, A. D. I. (2009). Algumas características físico-químicas do riacho Okpoka, Delta do Níger, Níger, Nigéria. *Revista de Investigação em Ciências Ambientais da Terra,* 1(2): 45-53.

Achi, S. S. e Shide, E. G. (2004). Analysis of Trace Metals by Wet Ashing and Spectrophotometric Techniques of Crude Oil Samples (Análise de metais vestigiais por cinzas húmidas e técnicas espectrofotométricas de amostras de petróleo bruto). *Jornal da Sociedade Química da Nigéria,* 29(11): 1-4.

Adebola, K. D. (2001). Qualidade das águas subterrâneas no município de Ilorin: An Environmental Review. *Revista Africana de Estudos Ambientais,* 2 (2): 4-6.

Adekunle, A. S. (2008). Impacto dos Efluentes Industriais na Qualidade da Água do Poço na Zona Industrial de Asa Dam, Ilorin Nigéria. *Natureza e Ciência,* 6 (3): 1 -5.

Adekunle, A. S. e Eniola, I. T. K. (2008). Impacto dos efluentes industriais na qualidade do segmento do rio Asa numa zona industrial em Ilorin, Nigéria. *New York Science Journal,* 1 (1): 17-21.

Ademoroti, C. M. A. (1996). *Standard Methods for Water and Effluent Analysis.* (1st Ed). Ibadan: Foludex Press Ltd. pp. 22-112.

Adeniyi, F. (2000). Atmospheric Precipitation in Relation to Surface Water Quality (Precipitação atmosférica em relação à qualidade da água de superfície). Actas da Primeira Conferência Nacional sobre Poluição da Água e Resíduos de Pesticidas nos Alimentos. Imprensa da Universidade de Ibadan, pp. 130-131.

África Hoje (1996). Mais Provas da Devastação do Petróleo, 2(5) Set/Out. 1996.

Agbozu, I. E. (2001). Níveis e Impactos de alguns Poluentes no Ecossistema Aquático no Campo Petrolífero de Etelebou no Delta do Níger, Nigéria. Tese de doutoramento não publicada, Departamento de Geografia, Universidade Estatal de Ciência e Tecnologia de Rivers, Port Harcourt, Nigéria.

Agbozu, I. E. e Ekweozor, I. K. E. (2001). Heavy Metal Levels in a Non-tidal Freshwater Swamp in the Niger Delta Area of Nigeria (Níveis de metais pesados num pântano de água doce não mareado na zona do Delta do Níger da Nigéria). *African Journal Science,* 2: 175-182.

Agência para o Registo de Substâncias Tóxicas e Doenças (ATSDR) (2003a). Toxicological Profile for Arsenic U.S. Department of Health and Humans Services, Public Health Humans Services, Centers for Diseases Control. Atlanta.

Agência para o Registo de Substâncias Tóxicas e Doenças (ATSDR) (2003b). Toxicological Profile for Mercury U.S. Department of Health and Humans Services, Public Health Humans Services, Centers for Diseases Control. Atlanta.

Agência para o Registo de Substâncias Tóxicas e Doenças (ATSDR) (2007). Toxicological Profile for Lead Departamento de Saúde e Serviços Humanos dos EUA, Serviços de Saúde Pública Humana, Centros de Controlo de Doenças. Atlanta.

Agência para o Registo de Substâncias Tóxicas e Doenças (ATSDR) (2008). Draft Toxicological Profile for Cadmium (Projeto de perfil toxicológico para o cádmio) Departamento de Saúde e Serviços Humanos dos EUA, Serviços de Saúde Pública Humana, Centros de Controlo de Doenças. Atlanta.

Aguwamba, J. C. (2000). *Water Engineering Systems.* Enugu, Nigéria: Immaculate publication limited, Ogui N/Layout. pp.5-10.

Ahmed, A. A, Green, A. V. e Seddiique, M. (2003). Community wells to mitigate the Arsenic Crisis in Bangladesh (Poços comunitários para mitigar a crise do arsénico no Bangladesh). *Boletim da Organização Mundial de Saúde,* 81 (9):632- 658.

Aisien, E. T., Gbegbaje D, e Aisien, F. A. (2010). Avaliação da Qualidade da Água do Rio Ethiope na Costa do Delta do Níger da Nigéria. *Jornal Eletrónico de Química Ambiental, Agrícola e Alimentar* 9(11): 24-27.

Akan, J. C. (2006). Determinação dos níveis de poluentes em algumas amostras de resíduos de superfície e de água da metrópole de Kano, Nigéria. Dissertação de mestrado não publicada. Departamento de Geografia, Universidade de Maiduguri, Borno, Nigéria.

Akpofure, R. (2009). *Environmental Science: An Introduction,* Ibadan: Kraft Books Limited, 6A polytechnic Road, Sango.

Akporido, S. O. (2000). Análise das Características de Qualidade das Águas Superficiais e Subterrâneas. *Nigeria Journal of Science and Environment,* 2,17-22.

Alakpodia, I. J. (2001). Características do solo sob chamas de gás no Delta do Níger. *Um Jornal Internacional de Questões de Política Ambiental,* 1-3 (2): 1-3

Alagoa, E. J. e Derefaka, A. A. (2002). *A Terra e o Povo do Estado do Rio: Delta do Níger Oriental.* Port Harcourt: Onyoma Research Publications, pp. 8-15.

Alagoa, E. J. (2005). *A History of the Niger Delta: Uma Interpretação Histórica da Tradição Oral Ijo.* Port Harcourt. Onyoma Research Publications, pp. 25-36.

Associação Americana de Saúde Pública (APHA) (1992). *Standard Methods for the Examination of Water and Wastewater.* (1 S^Edition) Washington, De: Associação Americana de Saúde Pública, pp 45-58.

APHA (1998). *Standard Methods for the Examination of Waste Water (Métodos Padrão para o Exame de Águas Residuais).* (20th Edition) Nova Iorque, APHA Inc., pp. 2-134.

Amukali, O. e Mensah, J. K. (2000). Efeitos dos Projectos de Desenvolvimento no Solo e na Vegetação dos Ecossistemas do Delta do Níger. Trabalho de Seminário B.Sc. não publicado submetido ao Departamento de Botânica, A.A.U, Ekpoma, Estado de Edo.

Alimentary Pharmacology and Therapeutics (APT) (2000). The Fate of Iron Absorption in Human Beings (O destino da absorção de ferro em seres humanos). *Journal of Alimentary Pharmacology and Therapeutics,* 12:845-851.

Apostoli, P. e Catalani, S. (2011). Iões metálicos que afectam a reprodução e o desenvolvimento. *Metal Ions in Life Science,* 8, 263-303.

Asthana, D. K. e Asthana, M. (2012). *Environment: Problems Solutions.* Índia: S. Chad and Company Ltd. pp. 365-369.

Awake, (2012). Will the World Ever Change; julho de 2012.

Awake, (2013). Proteja-se do crime; maio de 2013.

Ayoade, J. O. (2003). *Tropical Hydrology and Water Resources.* Ibadan, Agbo Areo Publishers, pp. 206-209.

Benka-Coker, O. M. (1983). Estudos dos Parâmetros Bacteriológicos e Físico-Químicos do Rio Warri. Dissertação de Mestrado. Universidade do Benim.

Beadle, L. C. (1981). *As Águas Interiores da África Tropical. An Introduction to Tropical Limnology.* Longman Publishers London, pp: 475.

Bhatia, S. C. (2009). *Water Pollution in Chemical Industries (Poluição da água nas indústrias químicas).* Índia: John Welsh Publications, p. 658.

Bhatia, S. C. (2011). *Environmental Chemistry.* CBS Publishers and Distributors pvt. Ltd, 549p.

Bhattacharya, P., Welch, A. H., Stollenwerk, K. G., McLaughlin, M. J., Bundschuh, J. e Panaullah, G. (2007). Arsénio no ambiente: Biology and Chemistry, *Science of the Total Environment,'.* 109-120.

Binning, K. and Baird, D. (2001) Survey of Heavy Metals in the Sediments of Swartkops River Estuary, Port Elizabeth South Africa. *Water SA,* 27(4): 461-466.

Botkin, D. B. e Keller, E. A. (1998). *Environmental Science, Earth as a Living Planet* (2ª ed.), John Wiley and Son Inc., Nova Iorque. pp. 3-7.

Bronwen, M. (2007). O Preço do Petróleo. Human Rights Watch.

Castro-Gonzalez, M. I. e Mendez-Armenta, M. (2008). Metais pesados: Implicações Associadas ao Consumo de Peixe. *Toxicologia e Farmacologia Ambiental,* 3: 263-271.

Chakraborti, D., Sengupta, M. K., Rahaman, M. M., Aharned, S., Chowdhury, U. K. e Hossain M. A. (2004). Contaminação por arsénico das águas subterrâneas e seus efeitos na saúde na planície de Ganga-Megna-Brahmaputra. *Jornal de Monitorização Ambiental,* 5: 74-83.

Chapman, D. e Kimstach, V. (1992). Seleção de Variáveis de Qualidade da Água. In: Chapman, D (Ed) *Water Quality Assessments,* pp 51-119. Chapman and Hadi. Londres.

Chinda, A. C., Hart, A. I. e Atuzi, B. (1991). A Preliminary Investigation on the Effects of Municipal Wastes Discharge on the Macrofauna Associated with Macrophytes in small Freshwater Stream in Nigeria (Uma Investigação Preliminar sobre os Efeitos da Descarga de Resíduos Municipais na Macrofauna Associada a Macrófitas em um Pequeno Riacho de Água Doce na Nigéria). *Jornal de Ecologia,* 2: 23-29.

Chukwu, O. (2008). Análise da poluição das águas subterrâneas causada por resíduos de matadouro em Minna. Nigéria. *Jornal de Investigação de Ciência Diária,* 2(4):74-77.

Cioccio, L. L. (1991). *Water and Water Pollution Handbook.* Marcel Decker, Nova Deli, pp 33-132.

Clarkson, T. (2006). The toxicology of Mercury and its Chemical Compounds (A toxicologia do mercúrio e dos seus compostos químicos). *Critical Reviews in Toxicology,* 36: 609-662.

Daniels, T. e Daniels, K. (2003). The Environmental Planning Handbook for Sustainable Communities and Regions. Planner press, Illinois: Associação Americana de Planeamento. Pp. 99-124.

Dara, S. S. e Mishra, D. D. (2010). *A Textbook of Mental Chemistry and Pollution Control,* Ibadan. Oxford publishers. 52 lp.

Datubo-Brown, D. D e Kejah, B. M. (1989). Deformidades congénitas no estado de Rivers, na Nigéria. Is there any Association with Environmental Pollution? *Jornal do Colégio Real de Cirurgia Real,* 2: 34-36.

Davies, O. A., Ugwumba, A. A. A. e Abolude, D. S. (2008). Qualidade físico-química de Trans Amadi (Woji) Creek Port Harcourt, Delta, Delta do Níger, Nigéria. *Jornal das Pescas Internacional,* 3(3): 92 97.

Darni, A., Ayuba H. K. e Amukali, O. (2012). Efeitos da queima de gás e derrame de petróleo na água da chuva recolhida para beber em Okpai e Beneku, Estado do Delta, Nigéria. *Revista Global de Ciências Sociais Humanas, 12(13): 7-10.*

Departamento de Recursos Petrolíferos (DPR) (1991). Environment Guidelines and Standards for the Petroleum Industry in Nigeria, Ministério dos Recursos Petrolíferos Lagos, pp. 466-500.

Draghici, C., Coman, G., Jelescu, C., Dima, C. e Chirila, E. (2010). Determinação de Metais Pesados em Amostras Ambientais e Biológicas, In: Environmental Heavy Metal Pollution and Effects on Child Mental Development - Risk Assessment and Prevention Strategies, Workshop de Investigação Avançada da NATO, Sofia, Bulgária, 28 de abril-1 de maio de 2010.

Duxbury, J. M, Mayer, A. B., Lauren, J. G. e Hassan, N. (2003). Aspectos da cadeia alimentar da contaminação por arsénico no Bangladesh: Effects on Quality and Productivity of Rice. *Journal of Environmental Science Health Part A, Environmental Science Engineering and Toxic Hazard Substance Control,* 38, 61-69.

Edet, A. E. e Ntekim, E. U. (1996). Distribuição de metais pesados nas águas subterrâneas do Estado de Akwa Ibom, Delta do Níger Oriental, Nigéria - Uma avaliação preliminar da poluição. *Jornal Global de Ciências Puras e Aplicadas,* 2(11): 67-71.

Efe, S. I. (2005). Efeitos urbanos na quantidade de precipitação, distribuição e qualidade da água da chuva na metrópole de Warri. Tese de doutoramento não publicada, Departamento de Geografia e Planeamento Regional, Universidade Estadual do Delta, Abraka, Nigéria.

Efe, S. I. (2010b). Variação espacial na composição de ácidos e alguns metais pesados da recolha de água da chuva na região produtora de petróleo da Nigéria. Natural Hazard, DOI10.1007/11069-010- 9526-2.

Efe, S. I. Ogban, F. E. Horsfall, M. e Akporhonor E. E. (2006). Variações Sazonais das Características Físico-Químicas na Qualidade dos Recursos Hídricos na Região Ocidental do Delta do Níger,

Nigéria "*Journal of Applied Science Management,* p. 9.

Egborge, A. B. M. (1994). Industrialização e poluição por metais pesados no rio Warri. 32ª Palestra Inaugural, Universidade de Benin, Nigéria.

Egborge, A. B. M. (1995). Poluição da água na Nigéria. Bodiversity and Chemistry of Warri River. Ben Miller Books. Nig. Ltd Warri.

Egila, J. N., Iroegbu, T. C. e Salami, S. J. (2001). Impacto dos locais de despejo de resíduos na qualidade das águas subterrâneas em Jos, Bukuru e Ambiente, Nigéria. *Global Journal of Pure and Applied Sciences,* 3(2): 437-441.

Ehirim, C. N. e Nwankwo, C. N. (2010). Avaliação das Características do Aquífero e da Qualidade das Águas Subterrâneas utilizando o Método Geoeléctrico em Choba, Port Harcourt. *Arquivos de Ciências Aplicadas em Investigação,* 2(2):396-403.

Ejechi, B. O, Olobaniyi, S. B, Ogban F. E. e Ugbe F. C. (2007). Physical and Sanitary Quality of Hand-dug Well Water from Oil-Producing Area of Nigeria (Qualidade física e sanitária da água de poços escavados à mão na zona produtora de petróleo da Nigéria). *Avaliação da Monitorização Ambiental,* 128(1-3): 495-501.

Eja, M. E. (2002). *Water Pollution and Sanitation for Developing Countries (Poluição da água e saneamento para países em desenvolvimento).* Seasprint (Nig) Company, Calaber, pp. 5-9.

Ejelonu, B. C, Adeleke, B. B, Ololade, I. O e Adegbuyi, O (2011). A química da amostra de água da chuva recolhida na comunidade produtora de petróleo de Utorogu no Delta do Níger, Nigéria II. *Jornal Europeu de Investigação Científica* 58(2): pp. 216-250.

Ekine, A. S. e Iheonunekwu, E. N (2007). Levantamento Geoeléctrico de Águas Subterrâneas na Área do Governo Local de Mbaitolu, Estado de Imo, Nigéria. *Science Africa,* 6(l):39-48.

Ekundayo, O. (2006). Propriedades Geoambientais das Camadas de Solo Protectoras das Águas Subterrâneas em Brass, Nigéria. *Jornal Internacional sobre Gestão de Resíduos Ambientais,* 1(1): 75-84.

Ekweozor, I. K. E. e Agbozu, I. E. (2001). Poluição das águas superficiais do campo petrolífero de Etelebou no Estado de Bayelsa - Nigéria. *Jornal Africano de Ciências,* 2: 246-254.

Emoyan, O. O, Ogban, F. E. e Akarah, E. (2005). Avaliação da carga de metais pesados no rio Ijana, Nigéria. *Jornal de Ciências Aplicadas à Gestão Ambiental,* 10(2): 121-127.

Enger, E. D e Smith, B. F. (2010). *Ciência Ambiental: A Study of Interrelationships.* (13th Edition) Boston. McGraw-Hill International Edition, p. 488.

Agência de Proteção do Ambiente (2001). *Parâmetros de qualidade da água: Interpretation and Standards.* Environmental Protection Agency Publishing House, Wexford, Irlanda, p. 133.

Agência de Proteção do Ambiente (EPA) (2003). Guidlines in Air Quality Models (Directrizes para modelos de qualidade do ar). Apêndice W da parte 57. pp. 387-478.

Esry, S. A, Potash, J. B. e Shiff .C. (1991). Effects of Improved Water Supply and Sanitation on Ascariasis, Diarrhea, Drancunculiasis, Hookworm Infection, Schistosomiasis and Trachoma. *Boletim da Organização Mundial de Saúde,* 6 (5): 609 -621.

Etu-Efeotor, J. O. (1998). Análise hidroquímica das águas superficiais e subterrâneas da zona de Gwagwalada, na Nigéria Central. *Global Journal of Pure Applied Sciences,* 4(2):153-162.

Comissão Europeia (2006). Regulamento (CE) n.º 1881/2006. JO L364 de 20.12.06, pp. 5-24.

Ewa, E. E, Adeyemi, J. A, Eja, E. I e Ajake, E. (2011) *Sacha Journal of Environmental Studies,* 1(2): 3-16.

ExtoxNet, (2003). Cadmium Contamination of Food, disponível em http://ace.orst.edu/info/extoxnet/faqs/foodcon/cadmium.htm2003. Acedido em 8 de outubro de 2003.

Ezekiel, E. N. Hart, A. I. e Abowei, J. F. N. (2011). O estado físico e químico do rio Sombreioro, Delta do Níger. *Revista de Investigação de Ciências Ambientais e da Terra da Nigéria,* 3(4):327-340.

Fakayode, S. O. (2005). Impacto dos efluentes industriais na qualidade da água do rio Alaro em Ibada, Nigéria. 10:1-3.

Figueroa, E. (2008). As normas mais restritivas relativas ao cádmio nos alimentos são medidas de segurança sanitária justificáveis ou barreiras oportunistas ao comércio? Uma resposta da economia e da saúde pública. *Science of the Total Environment,* 389: 1-9.

Folkl, A. (2011). Iron Levels in Drinking Water (Níveis de ferro na água potável). Disponível em http://www.livestrong.com/article/91411-iron. pp. 1-3. Avaliado a 6 de agosto de 2011.

Fujiki, M. (2002). O estado de transição da Baía de Minamata e do mar vizinho poluído por resíduos de fábricas contendo mercúrio. In: Jenkins, S.H. (ed.). *Advances in Water Pollution Research (Avanços na Investigação sobre Poluição da Água).* Proceedings of the. 6th International. Conferência realizada em Jeruselem Pergamon Oxford. Pp. 905-917.

Gervet, B. (2007). *As emissões da queima de gás contribuem para o aquecimento global.* Universidade de Tecnologia de Luka, Luka, Suécia, pp 1-14.

Groopman, J. D., Wolff, T. e Distlerath, L. M. (1985). Especificidade do substrato do citocromo p-450 da debrisoquina 4-hidroxilase hepática humana investigada através de inibição imunoquímica e modelação química. Cancer-Research. 1985 May. 45(5): 2116-22.

Grandjean, P., Weihe, P., White, R. F., Debes, F., Araki, S., Yokoyama, K., Murata, K., Sorensen, N., Dohi, R e Jorgensen, P. J. (1997). Cognitive Deficit in 7-year-old Children with Prenatal Exposure to Methylmercury (Défice cognitivo em crianças de 7 anos com exposição pré-natal ao metilmercúrio). *Neurotoxicology and Teratology,* 19: 417-428.

Hammer, J. M. (1997). *Qualidade da água e poluição: Waste and Water Technology.* (2nd Edition) Nova Iorque: John Wiley and Sons, pp 143-168.

Harrison, N. (2001). Inorganic Contaminants in Food, In: Watson, D.H. (Ed.). *Food Chemical Safety Contaminants, (1ª Edição).* Cambridge: Woodhead Publishing, pp. 148-168.

Hesketeth, H. E. (1991). *Controlo da poluição atmosférica: Methodology of Controlling Air Polltion.* Lancaster: PC Technomic. pp. 52-66.

Hertz, G. R, Hugger, R. J. e Hill, J. M. (1975). Comportamento de Mn, Fe, Cu, Zn, Cd e Pb. Discharged from Waste Water Treatment Plant into an Estuarine Environment, Water

Research, pp. 631-636.

Hutchinson, G. E. (1990). *A Treatise on Hunnology Volume 1: Geography, Physics and Chemistry, Londres.* John Willy and Sons Inc. pp. 6-13.

Humphries, W. R., Bremmer, I. e Phillips, M. (1985). The Influence of Dietary Iron on Copper Metabolism in the Calf. In: *Trace Elements in Man and Animals.* Eda. Mills, C. F Brumner, I e Chesters, J. K. 371p.

Agência Internacional de Investigação do Cancro (IARC) (1987). *Avaliações globais da carcinogenicidade: uma atualização das Monografias da IARC Volumes 1-42.* Lyon, 139-142 (IARC Monographs on the Evaluation of Carcinogenic Risk to Humans Supply. 7).

Ibeanu, O. (2000). Oiling the Friction: Environmental Conflict Management in the Niger Delta, Nigeria (Gestão de Conflitos Ambientais no Delta do Níger, Nigéria). *Environmental Change and Security Project,* 6: 19-32.

Iheyen, A. E e Aghimien, A. E. (2008). A Study of Trace Heavy Metals Levels in Warri Soils and Vegetables, Southern Nigeria (Estudo dos Níveis de Metais Pesados em Solos e Vegetais de Warri, Sul da Nigéria). *Jornal Africano de Poluição Ambiental e Saúde,* 1(1): 72-82.

John, K. N. e Orish, E. O. (2009). Efeito dos Efluentes da Refinaria e Petroquímica de Warri nas Qualidades da Água e do Solo do Anfitrião Contíguo e Impacto nas Comunidades do Estado do Delta, Nigéria *"The Open Environmental Pollution and Toxicology Journal".* Vol. 5. pp. 14-21.

Comité Misto de Peritos em Aditivos Alimentares (JECFA) da Organização das Nações Unidas para a Alimentação e a Agricultura/Organização Mundial de Saúde (FAO/OMS) (2004). Safety Evaluation of Certain Food Additives and Contaminants (Avaliação da segurança de certos aditivos e contaminantes alimentares). Série de Aditivos Alimentares da OMS n.º 52.

Jomova, K. e Valko, M. (2010). Advances in Metal-induced Oxidative Stress and Human Disease (Avanços no stress oxidativo induzido por metais e doenças humanas). *Toxicologia,* 283, 65-87.

Kapaj, S., Peterson, H., Liber, K. e Bhattacharya, P. (2006). Human Health Effects from Chronic Arsenic Poisoning-A Review (Efeitos na saúde humana decorrentes do envenenamento crónico por arsénico - uma revisão). *Journal of Environmental Science Engineering Toxic Hazard Substance Control,* 41, 2399-2428.

Kaizer, A. N., Adaikpoh, E. O., Osakwe, S. A. e Obanogun-Odiete, E. (2001). *Heavy Metal Pollution of Surface Water within Coal Mining Sites Around Enugu,* South-Eastern Nigeria, pp. 1-5.

Khitoliya, R. K. (2004). *Environmental Pollution Management and Control for Sustainable Development (Gestão e Controlo da Poluição Ambiental para o Desenvolvimento Sustentável).* Nova Deli: S. Chand and Company Ltd. pp. 10-42.

Khlifi, R. e Hamza-Chaffai, A. (2010). Cancro da cabeça e do pescoço devido à exposição a metais pesados através do tabagismo e da exposição profissional: A review. *Toxicologia e Farmacologia Aplicada,* 248: 71-88.

Kolo, B. (2007). *Study on the Chemical, Physical and Biological Pollutants in Water and Aqueous Sediments of Lake Chad Area, Borno State, Nigeria.* Tese de doutoramento não publicada,

Departamento de Química, Universidade de Maiduguri, Maiduguri, Estado de Borno, Nigéria. 12p.

Longe, E. O. e Enekwechi, L. O. (2007). Investigação sobre os Impactos Potenciais das Águas Subterrâneas e a Influência da Hidrogeologia Local na Atenuação da Natureza do Lixiviado no Aterro Sanitário Municipal. *Jornal Internacional de Ciência e Tecnologia Ambiental,* 4(1): 133- 140.

Mamuda, N. (2000). An Address Delivered by Hon. Minister of Water Resources at the National Conference on Water Pollution and Pesticide Residue in Foods (Discurso proferido pelo Ministro dos Recursos Hídricos na Conferência Nacional sobre Poluição da Água e Resíduos de Pesticidas nos Alimentos). *Procedimentos da primeira Conferência Nacional sobre Poluição da Água e Resíduos de Pesticidas nos Alimentos* Vol.1 Universidade de Ibadan 1-2.

Marcus, S. (2001). *Toxicity of Lead (Toxicidade do chumbo).* Wassan WI Medical Library Thomson, pp. 76-77.

Ming-Ho, Y. (2005). *Toxicologia Ambiental: Biological and Health Effects of Pollutants,* (2nd Edition) BocaRaton, USA: CRC Press LLC. pp. 23-38.

Moore, J. W. e Moore, E. A. (1976). Environmental Chemistry. Academic Press, Londres, pp: 360- 363. (Citado em) Odokuma, L. O. e G. C. Okpokwasillii, 1996. Influência sazonal na monitorização da poluição orgânica do rio New Calabar. *Níger. Avaliação da Monitorização Ambiental.* 5: 1-14.

Moriber, G. (1994). Environmental Sciences; Allyne and Bacon inc., Boston, U.S.A., pp. 211- 261.

Morrison, G. O., Fatoki, O. S e Ekberg, A. (2001). Assessment of the Impact of Point Source Pollution from the Keiskammahoek Sewage Treatment Plant on the Keiskamma River (Avaliação do Impacto da Poluição Pontual da Estação de Tratamento de Esgotos de Keiskammahoek no Rio Keiskamma). *Water South Africa,* 27: 475-480.

Moffat, D. e Linder, O. (1995). Perception and Reality Assessing Priorities for Sustainable Development in the Niger River Delta. 24; 527-538.

Mudhoo, A., Sharma, S. K., Garg, V. K e Tseng, C. H. (2011). Arsénio: An Overview of Applications, Health, and Environmental Concerns and Removal Processes (Uma visão geral das aplicações, preocupações com a saúde e o ambiente e processos de remoção). *Critical Reviews in Environmental Science and Technology,* 41, 435-519.

Murdoch, T., Cheo, M. e O. (2001). *Guia de Campo do Guardião de Córregos Laugh Link: Inventário de bacias hidrográficas e métodos de monitorização de cursos de água.* Adopt. A. Stream Foundation, Everett, WA. p. 297.

Murata, K. Grandjean, P. e Dakeishi, M. (2007). Evidência neurofisiológica da neurotoxicidade do metilmercúrio. *Ambio Journal of International Medicine.* 50: 765-771.

Conselho Nacional de Investigação (2001). Arsenic in Drinking Water-Update (Arsénio na água potável-Atualização). Washington DC, National Academy Press, pp. 7-11.

Agência Nacional para a Administração e Controlo de Alimentos e Medicamentos (NAFDAC) (2008). Agência Nacional de Administração e Controlo de Alimentos e Medicamentos, Boletim de Segurança do Ministério, Volume 2. Recomendação, Agência Nacional para a

Administração e Controlo de Alimentos e Medicamentos. Lagos, Nigéria.

Norma Industrial da Nigéria (NIS). (2007). *Norma da Nigéria para a qualidade da água potável.* Norma Industrial da Nigéria ao abrigo da Organização de Normalização da Nigéria, Lagos, Nigéria. ppl5-19.

Ndiokwerre, C. L. (1994). An Investigation of Heavy Metal Contents of Sediments and Algae from River Niger and Nigerian Coastal Waters, *Environmental Pollution. (B).* 7: 247- 254.

Nduka, J. K. C. e Orisakwe, O. E. (2007). Níveis de metais pesados e qualidade físico-química do abastecimento de água portátil em Warri, Nigéria. *Annalidi Chemistry,* 97 (9): 867- 874.

Nduka, J. K. C, Ezeakor O. J. e Okoye, A. C. (2007). Caracterização de Águas Residuais e Utilização de Resíduos Celulósicos como Opção de Tratamento. *Journal Sciences of Engineering Technology,* 14(1): 7226-34.

Nouri, J., Mahvi, A. H., Babaei, A. A., Jahed, G. R. e Ahmadpour, E. (2006). Investigação de Metais Pesados em Águas Subterrâneas. *Jornal Paquistanês de Ciências Biológicas,* (3): 377- 384.

Nwadinigwe, C. A. e Nwaorgu, O. N. (1999). Contaminantes metálicos em alguns poços da Nigéria - Crudes de cabeça; Análise comparativa. *Jornal da Sociedade de Química da Nigéria,* 24:118-121.

Nwankwo, C. N. e Ogagarue, D. O. (2011). Effects of Gas Flaring on Surface and Ground Waters in Delta State, Nigeria (Efeitos da queima de gás nas águas superficiais e subterrâneas no Estado do Delta, Nigéria). *Journal of Geology and Mining Research,* 3(5): 131 - 136.

Nwilo, P. C. e Badejo, O. T. (1995). Management of Oil Spill Dispersal along the Nigerian Coastal Areas (Gestão da dispersão de derrames de petróleo ao longo das zonas costeiras da Nigéria). *Jornal de Gestão Ambiental,* 4:42-51.

Obasi, R. A. e Balogun, O. (2001). Qualidade da água e avaliação do impacto ambiental dos recursos hídricos na Nigéria. *Revista Africana de Estudos Ambientais,* 2 (2): 228- 231.

Obiekezie, S. O. (2006). Heavy Metal Pollution of Ivo River Ishiagu in Ivo Local Government Area of Ebonyi State. *Jornal de Ciências, Engenharia e Tecnologia,* 13(2): 6892- 6896.

Oehlenschlager, J. (2002). Identifying Heavy Metals in Fish In: Bremner, H. A. (Ed.), *Safety and Quality Issues in Fish Processing,* Cambridge. Woodhead Publishing Limited, pp. 95-113.

Ofomata, G. E. K. (1997). A Indústria Petrolífera e o Ambiente Nigeriano. *Environmental Review,* 1:8-20.

Ogedengbe, K. e Akinbile, C. O. (2004). Impact of Industrial Pollutants on Quality of Ground and Surface Water Waters at Oluyole Industrial Estate, Ibadan, Nigeria, Nigeria *Journal of Technological Development,* 4(2) 139-144.

Ogoni, H. A. (2010). Perspetiva ética da exploração de petróleo e gás na Nigéria 5th Anniversary of Hoscom of Nigeria Oil and Gas.

Ogunkoya, O. O. e Efi, E. J. (2003). Rainfall Quality and Sources of Rainwater Acidity in Warri Area of the Niger Delta, Nigeria (Qualidade da precipitação e fontes de acidez da água da chuva na zona de Warri do Delta do Níger, Nigéria). *Journal of Mining and Geology,* 39(2): 125- 130.

Okafor, E. C. e Opuene, K. (2007). Avaliação preliminar de metais vestigiais e hidrocarbonetos aromáticos policíclicos nos sedimentos. *Revista Internacional de Ciências e Tecnologias Ambientais,* 4(2): 233-240.

Olayide, S. O. (2008). Discurso de boas-vindas do Vice-Reitor, na Cerimónia Oficial de Abertura da 1st Conferência Nacional sobre Poluição da Água e Resíduos de Pesticidas nos Alimentos. *Procedimentos da Primeira Conferência Nacional sobre Poluição da Água e Resíduos de Pesticidas nos Alimentos.* Vol. 1 University of Ibadan Press.

Olobaniyi, S. B. e Owoyemi, F. B. (2006). Caracterização por Análise Fatorial das Facies Químicas das Águas Subterrâneas no Aquífero das Areias da Planície Deltaica de Warri, Delta do Níger Ocidental. UNESCO/ *Revista Africana de Ciência e Tecnologia: Série Ciência e Engenharia,* 7(1): 73-81.

Oluwatinmilerin, J. O. (1982). The Ecological Impact of the Oil Industry in the Niger Delta Area of Nigeria (O Impacto Ecológico da Indústria Petrolífera na Área do Delta do Níger da Nigéria). Tese de Mestrado não publicada, Departamento de Geografia. Universidade de Ife, Ile-Ife. Nigéria.

Omotoso, G. (2007). The Nation Newspapers. (Quarta-feira, 7 de fevereiro), Lagos, Nigéria, Vintage Press Limited; Vol. 1: pp. 1-2.

Onwuka, E. C. (2005). Extração, degradação ambiental e pobreza na região do Delta do Níger, na Nigéria: Um ponto de vista. *Revista Internacional de Estudos Ambientais.* 62:6655-6662.

Opuene, K. e Agbozu, I. E. (2008). Relações entre os metais pesados no camarão *(Macro brachium felicinum)* e os níveis de metais na coluna de água e nos sedimentos de Taylor Creek. *Jornal Internacional de Investigação Ambiental,* 2(4):343-348. ISSN: 1735- 6865.

Osuji, L. C. e Onojake, C. M. (2004). Traços de metais pesados em petróleo bruto: A Case Study of Ebocha-8 Oil Spill Polluted Site in Niger Delta Nigeria. *Química da Biodiversidade Al* 08-1715.

Osuji, L. C. e Achugasim, O. (2007). Degradação Ambiental de Hidrocarbonetos Poluentes Aromáticos e Alifáticos: Um estudo de caso. *Química da Biodiversidade.* Vol 2. 424- 430.

Ovrawah, L. e Hymore, F. K. (2001). Qualidade da água de poços artesianos nos arredores de Warri, na região do Delta do Níger. *Revista Africana de Estudos Ambientais,* 2(2): 16- 17.

Ozioma, A. (2005). Analysis of Soils from Ukpeliede Oil Spill Site, River State, Nigéria. Não publicado. Tese de Mestrado. Departamento de Geografia. Universidade de Port Harcourt, Nigéria.

Raimi, M. O. (2008). O Efeito das Emissões Veiculares na Saúde Humana, Um Estudo de Caso do Parque Automóvel de Yenagoa. Inédito, um documento de seminário apresentado ao Departamento de Geografia e Gestão Ambiental, Universidade do Delta do Níger, Wilberforce Island, Estado de Bayelsa.

Rao, P. V. (2010). *Textbook of Environmental Engineering,* Nova Deli. PHL Learning Private Limited, pp. 9-17.

Reilly, C. (2007). Pollutants in Food -Metals and Metalloids, In: Szefer P. e Nriagu J. O. (eds.). *Mineral Components in Foods.* Boca Raton, FL. Taylor and Francis Group, pp. 2-5.

Rose, J. (1994). *Acid Rain: Current Situation and Remedies:* Philadelphia: Gordon and Breach Sciences. Inc. p 81-85.

Rosborg, I. (2002). Inorganic Constituents of Well Water in one Acid and one Alkaline Area of South Sweden (Constituintes inorgânicos da água de poços numa zona ácida e numa zona alcalina do Sul da Suécia). Universidade de Lund, Lund, Suécia água; poluição do ar e do solo. ppl42-277.

Sakurai, T., Kojima, C., Ochiai, M., Ohta, T. e Fujiwara, K. (2004). Avaliação da imunotoxicidade aguda in vivo de um composto de arsénio orgânico importante, a arsenobetaína, em marisco. *International Immunopharmacology,* 4, 179-184.

Santra, S. C. (2006). *Environmental Science.* Editora M.Sc., Nova Agência Central do Livro. Pp. 15-23.

Sawyer, C. N., McCarty, P. L. e Parkin, G. F. (2003). *Chemistry for Environmental and Engineering and Science* (5ª Edição). Me Graw Hill, ISBN 0-07-248066-1, NY: pp. 25-27.

Schueller, M. (2006). Poluição da água. Disponível em http//www.wikipedia.org. Acedido em 18 de outubro de 2006.

Schwarzenegger, A., Tamminen, T. e Denton, J. E. (2004). Public Health Goals for Chemicals in Drinking Water Arsenic (Objectivos de saúde pública para substâncias químicas na água potável - Arsénio). Gabinete de Avaliação dos Riscos para a Saúde Ambiental, Agência de Proteção do Ambiente da Califórnia, pp. 21-16.

Speak Out (2010). *The BP Oil Spill-Corporate Profits more Poisonous than Oil [O derrame de petróleo da BP - Lucros empresariais mais venenosos do que o petróleo].* Edição de 21 de junho de 2010, www.speakout.org. pp. 1-2.

Stanislav, P. (2004). *Environmental Impacts of Offshore and Gas Industry (Impactos Ambientais da Indústria Offshore e do Gás).* Nova Iorque, E.U.A., pp. 45-65.

Tokar, E. J., Benbrahim-Tallaa, L. e Waalkes, M. P. (2011). Iões metálicos no desenvolvimento do cancro humano. *Metal Ions on Life Science,* 8, 375-401.

Twumasi, Y. A. e Merem, E. C. (2006). Aplicação de SIG e Deteção Remota na Avaliação da Mudança num Ambiente Costeiro na Região do Delta do Níger da Nigéria. *Revista Internacional de Investigação Ambiental. Saúde Pública.* 3(1): 98- 106.

Udo, E. E. (2004). Estudos Comperativos sobre a Concentração de Alguns Metais Pesados em Amostras de Peixe, Água e Sedimentos do Rio Ikot Abasi em Ikot Abasi L.G.A do Estado de Akwa Ibom.

Tese de Mestrado não publicada, Universidade de Uyo, Nigéria, pp. 84-98.

Udoessien, E. I. (2003). *Princípios básicos da ciência ambiental.* Uyo: Etiliew International Publishers, Uyo. Nigéria, pp. 77-110.

Udosen, E. D. (2015). Variações no oxigénio e alguns parâmetros de poluição relacionados em alguns riachos na área de Itu da Nigéria, *Journal of Environmental sciences.* 12(1): 75-80.

Ukoli, M. K. (2005). Factores ambientais na gestão da indústria do petróleo e do gás na Nigéria. In: GIS and Remote Sensing Application in the Assessment of Change with a Coastal Environment in the Niger Delta Region of Nigeria. *Revista Internacional de Investigação Ambiental em Saúde Pública.* Vol 26 (40).

Uneyama, C., Toda, M., Yamamoto, M. e Morikawa, K. (2007). Arsénio em vários alimentos: Dados cumulativos. *Food Additives and Contaminants,* 24, 447-534.

Agência de Proteção Ambiental dos Estados Unidos (USEPA). (1991). *Directrizes da Organização Mundial de Saúde para a água potável.* 3rd edition. Geners, Suíça. pp. 41- 62.

Agência de Proteção Ambiental dos Estados Unidos (USEPA) (2000). Toxicological Review of vinyl chloride (Análise toxicológica do cloreto de vinilo). Gabinete de Investigação e Desenvolvimento Washington, DC. EPA/635R- 00/004.

Agência de Proteção Ambiental dos Estados Unidos (USEPA) (2002). A Review of the Reference Dose and References Concentration Process (Revisão do processo de dose de referência e concentração de referência). EPA/630/p-02/002F. http://www.epa.gov/raf/publications/review-references-dose.htm. Acedido em 12 de dezembro de 2002.

Agência de Proteção Ambiental dos Estados Unidos (USEPA) (2005a). Arsenic in Drinking Water Fact Sheet. 10.07.2011, Disponível em http://www.epa.gov/ safewater/arsenic.html. Acedido em 12 de março de 2005.

Agência de Proteção Ambiental dos Estados Unidos (USEPA) (2008). Risk-Based Concentration Table, Disponível em http://www.epa.gov/reg3hwmd/risk/ human/index.htm. Acedido em 16 de abril de 2008.

Agência de Proteção Ambiental dos Estados Unidos (USEPA) (2010a). Mid-Atlantic Risk Assessment, disponível em http://www.epa.gov/reg3hwmd/risk/human/ rbconcentration_table/usersguide.htm. Acedido em 26 de junho de 2010.

Agência de Proteção Ambiental dos Estados Unidos (USEPA) (2010b). Tabela de concentrações baseadas no risco. Níveis de triagem de tecidos de peixes da Região 3. Acedido em 26 de junho de 2010.

Serviço Geológico dos Estados Unidos (USGS) (2002). URL: http://ga.water.usgs.gov/edu/ qualidade da água. Avaliada a 7 de agosto de 2002.

Ushie, F. A. e Amadi, P. A, (2008). Características Químicas das Águas Subterrâneas de Partes do Complexo de Cave do Maciço de Oban e do Planalto de Obudu, Sudeste da Nigéria. *Ciências de África.* 7(2): 81-88.

Vieira, C., Morais, S., Ramos, S., Delerue-Matos, C. e Oliveira, M. B. P. P. (2011). Níveis de Mercúrio, Cádmio, Chumbo e Arsénico em três Espécies de Peixes Pelágicos do Oceano Atlântico: Variabilidade Intra e Interespecífica e Riscos para a Saúde Humana no Consumo. *Food and Chemical Toxicology,* 49, 923-932.

Wang, Z., Fingas, M. e Sergy, Z. (1994). Estudo das amostras de óleo de 22 anos do Oil Arrow usando compostos biomarcadores por GC.MS. *Ciência e Tecnologia Ambiental,* 28,1733-17.

Waziri, M. (2006). Investigação físico-química e bacteriológica das águas superficiais e subterrâneas da bacia de Kumadugu-Yobe, na Nigéria. Tese de doutoramento não publicada. Departamento de Química. Universidade de Maiduguri, pp. 24-186.

Whittle, K. J., Hardy, R., Mackie, P. R., e McGill, A. S. (1982). A Qualitative Assessment of the Sources and Fate of Petroleum Compounds in the Marine Environment (Uma Avaliação Qualitativa das Fontes e do Destino dos Compostos Petrolíferos no Ambiente Marinho).

Philippine Transition Research Society. Londres, B297:193-218.

Wood, C. M. e McDonald, D. G. (1982) Physiological Mechanisms of Acid Toxicity to fish, In: Acid Rain/Fisheries. Proceedings of an International Symposium on Acidic Prepitation and Fishery Impacts in North Eastern America. Sociedade Americana de Pesca, pp 197-226.

Organização Mundial de Saúde (OMS) (2001). Water Health and Human Rights, Dia Mundial da Água. Disponível em http://www.woldwaterday.Org/thematic/hmnrights.html#n4. Avaliado em 5 de agosto de 2001.

OMS (2004a). Directrizes para a qualidade da água potável. Sessenta e uma reunião, Roma, 10-19 de junho de 2003. Comité Misto FAO/OMS de Peritos em Aditivos Alimentares, Disponível em http://ftp.fao.org/es/esn/jecfa/jecfa61sc.pdf. Avaliado a 5 de agosto de 2013.

OMS (2004b). Avaliação de certos contaminantes de aditivos alimentares. Sixty-First Report of the Joint FAO/WHO Expert Committee on Food Additives (Sessenta e um Relatório do Comité Misto FAO/OMS de Peritos em Aditivos Alimentares). Série de Relatórios Técnicos da OMS, n.º 922.

Organização Mundial de Saúde (2006). Directrizes para a qualidade da água potável: Incorporação da Primeira Adenda: Vol. 1. Recommendations. (3ª edição) Genebra.

Organização Mundial de Saúde (2008). Directrizes para a qualidade da água potável. Sítio Web da Água, Saneamento e Saúde em http://www.who.int/water_sanitation_health/ dwq/guidelines/en/Accessed August 14th 2008.

Yang, M., Kostasch.uk, R. e Chen, Z. (2004). Alterações históricas nos metais pesados no estuário do Yangtze, China. *Environmental Geology,* 46, 857-864.

CAPÍTULO 7

APÊNDICES

Apêndice I

Características físicas dos padrões combinados

S/N	Parameter	NAFDAC Maximum Allowed Limits	SON Standard	WHO Standard	
				Highest Desirable	Maximum Permissible
1	Colour	3.0 TCU	3.0 TCU	3.0 TCU	15.0 TCU
2	Odour	Unobjectionable	Unobjectionable	Unobjectionable	Unobjectionable
3	Taste	Unobjectionable	Unobjectionable	Unobjectionable	Unobjectionable
4	pH at 20^{0}C	6.50 – 8.5	6.50 – 8.5	7.0 – 8.9	6.50 – 9.50
5	Turbidity	5.0 NTU	5.0 NTU	5.0 NTU	5.0 NTU
6	Conductivity	1000 (us/cm^{-1})	1000 (us/cm^{-1})	900 (us/cm^{-1})	1200 (us/cm^{-1})
7	Total Solids	500mg/L	500mg/L	500mg/L	1500mg/L
8	Total Alkalinity	100mg/L	100mg/L	100mg/L	100mg/L
9	Copper	1.0mg/L	1.0mg/L	0.5mg/L	2.0mg/L
10	Iron	0.3mg/L	0.3mg/L	1mg/L	3mg/L
11	Manganese	2.0mg/L	0.05mg/L	0.1mg/L	0.4mg/L
12	Zinc	5.0mg/L	5.0mg/L	0.01mg/L	3.0mg/L
13	Sulphate	100mg/L	100mg/L	250mg/L	500mg/L
14	Lead	0.01m g/L	0.01m g/L	0.01m g/L	0.01m g/L
15	Chromium	0.05mg/L	0.05mg/L	0.05mg/L	0.05mg/L
16	Nickel	-	-	-	0.02mg/L
17	Total Hardness (CaCO$_3$)	100mg/L	100mg/L	100mg/L	500mg/L
18	PAH (Poly Aromatic Hydrocarbons)	-	-	-	0.007mg/L 0.7µg/L
19	ORP (MV)	-	-	-	-
20	Salinity (Mg/l)	-	-	-	-
21	DO (Mg/l)	-	-	-	>7.0
22	BOD$_5$ (MgO$_2$/L) Biological Oxygen Demand	-	-	-	< 3.0
23	TPH (Mg/l) Total Petroleum Hydrocarbon	-	-	-	< 10
24	Arsenic				0.01Mg/L
25	Cadmium				0.003Mg/L
26	Lead				0.01Mg/L

Adaptado de Akpofure Rim-Rukeh 2009.

Resultado da análise de variância

Descritivo

		N	Mean	Std. Deviation	Std. Error	95% Confidence Interval for Mean		Minimum	Maximum
						Lower Bound	Upper Bound		
Dissolved Oxygen	Ebocha	2	13.7750	.13435	.09500	12.5679	14.9821	13.68	13.87
	New base	2	14.8950	.27577	.19500	12.4173	17.3727	14.70	15.09
	Obrikom	2	14.7300	.00000	.00000	14.7300	14.7300	14.73	14.73
	Obor	2	14.4650	.14849	.10500	13.1308	15.7992	14.36	14.57
	Egbeda	2	6.3150	.37477	.26500	2.9479	9.6821	6.05	6.58
	Total	10	12.8360	3.46454	1.09559	10.3576	15.3144	6.05	15.09
Oxidation Reduction Potential	Ebocha	2	173.5000	24.74874	17.50000	-48.8586	395.8586	156.00	191.00
	New base	2	171.0000	36.76955	26.00000	-159.3613	501.3613	145.00	197.00
	Obrikom	2	169.9500	183.91847	130.05000	-1482.4919	1822.3919	39.90	300.00
	Obor	2	124.5000	28.99138	20.50000	-135.9772	384.9772	104.00	145.00
	Egbeda	2	107.0000	1.41421	1.00000	94.2938	119.7062	106.00	108.00
	Total	10	149.1900	70.24358	22.21297	98.9408	199.4392	39.90	300.00
Total Dissolved Solids	Ebocha	2	15.0000	21.21320	15.00000	-175.5931	205.5931	.00	30.00
	New base	2	50.0000	.00000	.00000	50.0000	50.0000	50.00	50.00
	Obrikom	2	20.0000	.00000	.00000	20.0000	20.0000	20.00	20.00
	Obor	2	38.5000	40.30509	28.50000	-323.6268	400.6268	10.00	67.00
	Egbeda	2	12.3500	4.90732	3.47000	-31.7405	56.4405	8.88	15.82
	Total	10	27.1700	21.69495	6.86055	11.6504	42.6896	.00	67.00

pH	Ebocha	2	4.6800	2.00818	1.42000	-13.3628	22.7228	3.26	6.10
	New base	2	3.4350	.82731	.58500	-3.9981	10.8681	2.85	4.02
	Obrikom	2	3.2050	.13435	.09500	1.9979	4.4121	3.11	3.30
	Obor	2	10.3150	4.22143	2.98500	-27.6130	48.2430	7.33	13.30
	Egbeda	2	6.0750	.50205	.35500	1.5643	10.5857	5.72	6.43
	Total	10	5.5420	3.16627	1.00126	3.2770	7.8070	2.85	13.30
Conductivity	Ebocha	2	33.0000	27.86001	19.70000	-217.3122	283.3122	13.30	52.70
	New base	2	81.6500	10.53589	7.45000	-13.0112	176.3112	74.20	89.10
	Obrikom	2	40.6500	5.86899	4.15000	-12.0807	93.3807	36.50	44.80
	Obor	2	51.2000	40.58793	28.70000	-313.4681	415.8681	22.50	79.90
	Egbeda	2	21.8700	5.93970	4.20000	-31.4961	75.2361	17.67	26.07
	Total	10	45.6740	27.40420	8.66597	26.0702	65.2778	13.30	89.10
Turbidity	Ebocha	2	7.5000	3.53553	2.50000	-24.2655	39.2655	5.00	10.00
	New base	2	28.5000	23.33452	16.50000	-181.1524	238.1524	12.00	45.00
	Obrikom	2	.0000	.00000	.00000	.0000	.0000	.00	.00
	Obor	2	50.0000	70.71068	50.00000	-585.3102	685.3102	.00	100.00
	Egbeda	2	1.4900	.39598	.28000	-2.0677	5.0477	1.21	1.77
	Total	10	17.4980	32.03609	10.13070	-5.4192	40.4152	.00	100.00
Salinity	Ebocha	2	10.0000	14.14214	10.00000	-117.0620	137.0620	.00	20.00
	New base	2	30.0000	.00000	.00000	30.0000	30.0000	30.00	30.00
	Obrikom	2	10.0000	.00000	.00000	10.0000	10.0000	10.00	10.00
	Obor	2	25.0000	7.07107	5.00000	-38.5310	88.5310	20.00	30.00
	Egbeda	2	34.0000	5.65685	4.00000	-16.8248	84.8248	30.00	38.00
	Total	10	21.8000	11.97961	3.78829	13.2303	30.3697	.00	38.00
Temperature	Ebocha	2	28.0000	.00000	.00000	28.0000	28.0000	28.00	28.00

		N							
	New base	2	28.1500	1.76777	1.25000	12.2672	44.0328	26.90	29.40
	Obrikom	2	26.5000	.70711	.50000	20.1469	32.8531	26.00	27.00
	Obor	2	28.2000	.42426	.30000	24.3881	32.0119	27.90	28.50
	Egbeda	2	27.7100	.73539	.52000	21.1028	34.3172	27.19	28.23
	Total	10	27.7120	.96088	.30386	27.0246	28.3994	26.00	29.40
Altitude	Ebocha	2	11.0000	1.41421	1.00000	-1.7062	23.7062	10.00	12.00
	New base	2	19.0000	4.24264	3.00000	-19.1186	57.1186	16.00	22.00
	Obrikom	2	25.0000	4.24264	3.00000	-13.1186	63.1186	22.00	28.00
	Obor	2	20.5000	4.94975	3.50000	-23.9717	64.9717	17.00	24.00
	Egbeda	2	16.5000	.70711	.50000	10.1469	22.8531	16.00	17.00
	Total	10	18.4000	5.54176	1.75246	14.4357	22.3643	10.00	28.00
Well depth	Ebocha	2	13.5000	.70711	.50000	7.1469	19.8531	13.00	14.00
	New base	2	16.0000	5.65685	4.00000	-34.8248	66.8248	12.00	20.00
	Obrikom	2	22.5000	.70711	.50000	16.1469	28.8531	22.00	23.00
	Obor	2	19.0000	1.41421	1.00000	6.2938	31.7062	18.00	20.00
	Egbeda	2	18.0000	5.65685	4.00000	-32.8248	68.8248	14.00	22.00
	Total	10	17.8000	4.18463	1.32330	14.8065	20.7935	12.00	23.00
SO$_4$	Ebocha	2	1.4500	.21213	.15000	-.4559	3.3559	1.30	1.60
	New base	2	2.4500	.35355	.25000	-.7266	5.6266	2.20	2.70
	Obrikom	2	1.5500	.07071	.05000	.9147	2.1853	1.50	1.60
	Obor	2	1.2500	.07071	.05000	.6147	1.8853	1.20	1.30
	Egbeda	2	1.2000	.28284	.20000	-1.3412	3.7412	1.00	1.40
	Total	10	1.5800	.50728	.16042	1.2171	1.9429	1.00	2.70
Total Alkalinity	Ebocha	2	5.0000	1.41421	1.00000	-7.7062	17.7062	4.00	6.00
	New base	2	5.0000	1.41421	1.00000	-7.7062	17.7062	4.00	6.00

	Obrikom	2	2.0000	.00000	.00000	2.0000	2.0000	2.00	2.00
	Obor	2	5.5000	.70711	.50000	-.8531	11.8531	5.00	6.00
	Egbeda	2	2.0000	.00000	.00000	2.0000	2.0000	2.00	2.00
	Total	10	3.9000	1.79196	.56667	2.6181	5.1819	2.00	6.00
	Ebocha	2	6.6500	1.48492	1.05000	-6.6915	19.9915	5.60	7.70
	New base	2	3.8000	.00000	.00000	3.8000	3.8000	3.80	3.80
Total Hardness	Obrikom	2	7.0000	4.52548	3.20000	-33.6599	47.6599	3.80	10.20
	Obor	2	11.5500	.07071	.05000	10.9147	12.1853	11.50	11.60
	Egbeda	2	13.0000	.14142	.10000	11.7294	14.2706	12.90	13.10
	Total	10	8.4000	3.90498	1.23486	5.6065	11.1935	3.80	13.10
	Ebocha	2	5.0500	.35355	.25000	1.8734	8.2266	4.80	5.30
	New base	2	4.3000	.56569	.40000	-.7825	9.3825	3.90	4.70
COD	Obrikom	2	6.1000	.84853	.60000	-1.5237	13.7237	5.50	6.70
	Obor	2	5.6000	.70711	.50000	-.7531	11.9531	5.10	6.10
	Egbeda	2	6.3000	.28284	.20000	3.7588	8.8412	6.10	6.50
	Total	10	5.4700	.88450	.27970	4.8373	6.1027	3.90	6.70
	Ebocha	2	.9000	.70711	.50000	-5.4531	7.2531	.40	1.40
	New base	2	2.5000	.84853	.60000	-5.1237	10.1237	1.90	3.10
Biological Oxygen	Obrikom	2	3.3000	.00000	.00000	3.3000	3.3000	3.30	3.30
Demand	Obor	2	2.8500	1.76777	1.25000	-13.0328	18.7328	1.60	4.10
	Egbeda	2	3.8000	.42426	.30000	-.0119	7.6119	3.50	4.10
	Total	10	2.6700	1.25879	.39806	1.7695	3.5705	.40	4.10
Iron	Ebocha	2	.0010	.00000	.00000	.0010	.0010	.00	.00
	New base	2	3.0785	4.35224	3.07750	-36.0248	42.1818	.00	6.16
	Obrikom	2	.0010	.00000	.00000	.0010	.0010	.00	.00

	Obor	2	17.9385	23.99425	16.96650	-197.6413	233.5183	.97	34.91
	Egbeda	2	.0010	.00000	.00000	.0010	.0010	.00	.00
	Total	10	4.2040	10.95680	3.46485	-3.6340	12.0420	.00	34.91
	Ebocha	2	.0610	.07778	.05500	-.6378	.7598	.01	.12
	New base	2	.0160	.00707	.00500	-.0475	.0795	.01	.02
	Obrikom	2	.0130	.00566	.00400	-.0378	.0638	.01	.02
Manganese	Obor	2	.1295	.15768	.11150	-1.2872	1.5462	.02	.24
	Egbeda	2	.0160	.00849	.00600	-.0602	.0922	.01	.02
	Total	10	.0471	.07545	.02386	-.0069	.1011	.01	.24
	Ebocha	2	.0510	.05091	.03600	-.4064	.5084	.02	.09
	New base	2	.8050	.95459	.67500	-7.7717	9.3817	.13	1.48
	Obrikom	2	.1550	.11879	.08400	-.9123	1.2223	.07	.24
Zinc	Obor	2	.1125	.04879	.03450	-.3259	.5509	.08	.15
	Egbeda	2	.0470	.00000	.00000	.0470	.0470	.05	.05
	Total	10	.2341	.44238	.13989	-.0824	.5506	.02	1.48

ANOVA

		Sum of Squares	Df	Mean Square	F	Sig.
Dissolved Oxygen	Between Groups	107.771	4	26.943	524.995	.000
	Within Groups	.257	5	.051		
	Total	108.028	9			
Oxidation Reduction Potential	Between Groups	7774.444	4	1943.611	.265	.889
	Within Groups	36633.005	5	7326.601		
	Total	44407.449	9			
Total Dissolved Solids	Between Groups	2137.456	4	534.364	1.273	.391
	Within Groups	2098.582	5	419.716		
	Total	4236.038	9			
pH	Between Groups	67.419	4	16.855	3.695	.092
	Within Groups	22.808	5	4.562		
	Total	90.227	9			
Conductivity	Between Groups	4154.621	4	1038.655	1.994	.234
	Within Groups	2604.290	5	520.858		
	Total	6758.911	9			
Turbidity	Between Groups	3679.640	4	919.910	.828	.560
	Within Groups	5557.157	5	1111.431		
	Total	9236.797	9			
Salinity	Between Groups	1009.600	4	252.400	4.475	.066
	Within Groups	282.000	5	56.400		
	Total	1291.600	9			
Temperature	Between Groups	3.964	4	.991	1.140	.434
	Within Groups	4.346	5	.869		
	Total	8.310	9			
Altitude	Between Groups	213.400	4	53.350	4.234	.073
	Within Groups	63.000	5	12.600		
	Total	276.400	9			
Well depth	Between Groups	90.600	4	22.650	1.690	.287
	Within Groups	67.000	5	13.400		
	Total	157.600	9			
SO_4	Between Groups	2.056	4	.514	9.885	.014
	Within Groups	.260	5	.052		
	Total	2.316	9			
Total Alkalinity	Between Groups	24.400	4	6.100	6.778	.030
	Within Groups	4.500	5	.900		
	Total	28.900	9			
Total Hardness	Between Groups	114.530	4	28.633	6.304	.034
	Within Groups	22.710	5	4.542		
	Total	137.240	9			

COD	Between Groups	5.296	4	1.324	3.794	.088
	Within Groups	1.745	5	.349		
	Total	7.041	9			
Biological Oxygen Demand	Between Groups	9.736	4	2.434	2.690	.154
	Within Groups	4.525	5	.905		
	Total	14.261	9			
Iron	Between Groups	485.798	4	121.449	1.021	.477
	Within Groups	594.666	5	118.933		
	Total	1080.464	9			
Manganese	Between Groups	.020	4	.005	.811	.568
	Within Groups	.031	5	.006		
	Total	.051	9			
Zinc	Between Groups	.831	4	.208	1.117	.442
	Within Groups	.930	5	.186		
	Total	1.761	9			

Oxigénio_dissolvido

Duncan

Location	N	Subset for alpha = 0.05		
		1	2	3
Egbeda	2	6.3150		
Ebocha	2		13.7750	
Obor	2			14.4650
Obrikom	2			14.7300
New base	2			14.8950
Sig.		1.000	1.000	.124

São apresentadas as médias dos grupos em subconjuntos homogéneos, a. Utiliza a média harmónica Tamanho da amostra = 2.000.

Alcalinidade_total

Duncan

Location	N	Subset for alpha = 0.05	
		1	2
Obrikom	2	2.0000	
Egbeda	2	2.0000	
Ebocha	2		5.0000
New base	2		5.0000
Obor	2		5.5000
Sig.		1.000	.628

São apresentadas as médias dos grupos em subconjuntos homogéneos.

a. Utiliza a média harmónica Dimensão da amostra = 2.000.

Alcalinidade_total

Duncan

Location	N	Subset for alpha = 0.05	
		1	2
Obrikom	2	2.0000	
Egbeda	2	2.0000	
Ebocha	2		5.0000
New base	2		5.0000
Obor	2		5.5000
Sig.		1.000	.628

São apresentadas as médias dos grupos em subconjuntos homogéneos, a. Utiliza a média harmónica Tamanho da amostra = 2.000.

TotalJDureza

Duncan

Location	N	Subset for alpha = 0.05		
		1	2	3
New base	2	3.8000		
Ebocha	2	6.6500	6.6500	
Obrikom	2	7.0000	7.0000	
Obor	2		11.5500	11.5500
Egbeda	2			13.0000
Sig.		.204	.076	.526

São apresentadas as médias dos grupos em subconjuntos homogéneos, a. Utiliza a média harmónica Tamanho da amostra = 2.000.

Parameter	A1 (Borehole) Opposite Ijeoma Quarters 750M Away. Agip Gas Flaring Centre Ebocha	A2 (Borehole) 200m Opposite Agip Gas Flaring Centre Ebocha AND 50m from Agip waste pit.	A3 (Well) The Apple Hotel 500m from waste pit and 150m Away from Mgbede Field Oil Well (7) Ebocha	A4 (Well) 1000m Away From the Agip Flare stack (Ebocha)	A5 (Borehole) Abacha Road Obrikom.1, 800m Away From Agip Gas Plant	A6 (Borehole) Eagle Base Obor. 2,500m Away From Agip Gas Plant	A7 (Well) Obor Road, Obie. 2km Away From Agip Gas Plant	A8 (Borehole) Green River Plant Propagation Centre – NAOC 3km Away From Agip Gas Plant	B1 (Surface Water) Ebocha 100M	B2 (Surface Wate) Control 25KM from Ebocha
GPS	N 05⁰ 27' 068" E 006⁰ 41 48.0"	N 05⁰ 27' 28.7" E 006⁰ 41' 58.1	N 05⁰ 27' 37.5" E 006⁰ 42' 05.3"	N 05⁰ 26' 51.5" E 006⁰ 41' 38.8"	N 05⁰ 23' 48.6" E 006⁰ 40' 36.8"	N 05⁰ 23' 00.9" E 006⁰ 41' 07.4"	N 05⁰ 23' 22.5" E 006⁰ 40' 49.1"	N05⁰ 24' 18.9" E 006⁰ 40' 55.0"	-	-
DO	13.68mg/l	13.87	14.70	15.09	14.73	14.73	14.57	14.36	6.1	6.1
ORP(mV)	156	191	197	145	39.9	300	–145	104	-	-
TDS (mg/L)	30mg/l	0	50	50	20	20	10	67	15.82	8.88
pH	6.10	3.26	2.85	4.02	3.11	3.30	7.33	13.3	5.72	6.43
Conductivity (µS/cm³)	52.7	13.3	89.1	74.2	36.5	44.8	22.5	79.9	26.07	17.67
Turbidity (JTU)	10 JTU	5	12	45 JTU	0	0	0	100 JTU	1.77	1.21
Salinity (mg/L)	20	0.00	30	30	10	10	20	30	-	-
Temp. ⁰C	28	28	29.4	26.9	27	26	28.5	27.9	28.23	27.19
Altitude (m)	10	-	16	22	-	28	24	17	-	-
Well Depth (ft)	-	-	12	20	-	-	18	-	-	-
SO4⁻² (mg/L)	1.3	1.6	2.2	2.7	1.6	1.5	1.3	1.2	1.4	<1.0
Total Alkalinity as CaCO₃ (mg/L)	6.0	4.0	4.0	6.0	2.0	2.0	ND	6.0	2.0	2.0
Total Hardness as CaCO3 (mg/L)	7.7	ND	3.8	3.8	ND	ND	11.5	ND	ND	ND
BOD₅ (mgO₂/l)	1.4	0.4	1.9	3.1	3.3	3.3	1.6	4.1	3.5	4.1
TPH (mg/L)	0.001	0.001	0.001	0.001	0.001	0.001	0.001	0.001	<0.001	<0.001
Iron, Fe (mg/L)	0.001	0.001	0.001	6.156	0.001	0.001	0.972	34.905	<0.001	<0.001
Cu (mg/L)	0.001	0.001	0.001	0.001	0.001	0.001	0.001	0.001	<0.001	<0.001
Cr (mg/L)	0.001	0.001	0.001	0.001	0.001	0.001	0.001	0.001	<0.001	<0.001
Mn (mg/L)	0.116	0.006	0.021	0.011	0.009	0.017	0.018	0.241	0.022	0.010
Ni (mg/L)	0.001	0.001	0.001	0.001	0.001	0.001	0.001	0.001	<0.001	<0.001
Pb (mg/L)	0.001	0.001	0.001	0.001	0.001	0.001	0.001	0.001	<0.001	<0.001
Zn (mg/L)	0.087	0.015	0.130	1.480	0.071	0.239	0.147	0.078	0.047	0.047

Printed by Books on Demand GmbH, Norderstedt / Germany